An Episodic History of

Mathematics

Mathematical Culture Through Problem Solving

문제해결로 살펴본

수학사 해설

남호영 · 장영호

KM 경문사

해설서를 내며

서점마다 수학사에 관한 책이 꽂혀 있는데, 왜 또 수학사 책을 번역했을까? 그 이유를 말하는 것이 아마도 옮긴이가 할 수 있는 가장 친절한 소개의 말이 될 것이다.

이 책이 다른 책과 구별되는, 그래서 이 책을 추천하고 싶은 이유는 세 가지다.

첫째는 대부분의 책에서 가볍게 소개하고 넘어가는 내용을 자세히 소개하였다는 점이다. 예를 들어, 아르키메데스가 원에 내접, 외접하는 정다각형을 이용해서 원주율의 값을 소수둘째자리까지 정확하게 구했다는 사실은 어느 수학사 책에나 실려 있다. 그런데 이 책에는 정육각형, 정십이각형, 정이십사각형 등으로 차례로 변의 개수를 두 배로 하면서 원주율을 구하는 과정을 보여준다. 마찬가지로 리만이 쌍곡기하를 만들 때 유클리드 거리를 어떻게 변화시켰는지 거리 식을 보여주면서 설명한다. 단순한 스케치가 아니라 역사의 전환점에서 벌어진 일을 식으로 설명하여 깊은 이해로 이끌어준다.

둘째는 당시의 쟁점을 소개하는데서 끝나지 않고 몇 백 년 후에 해결된 과정까지 그 장에서 한꺼번에 다루어주는 점이다. 제논의 역설이 거의 2천년 후에 어떻게 해결되었는지를 제논의 역설에 이어 바로 설명해준다. 삼차방정식, 사차방정식의 해법을 둘러싼 이야기에 이어 오차 이상의 방정식의 해법에 관한 아벨과 갈루아의 업적까지 다루어 해당 주제에 대한 이야기를 그 장 안에서 완결 짓는 방식으로 서술되어 있다.

셋째는 본문 이외에도 독자에 대한 배려가 매우 세심한 점이다. 본문 사이사이에 관련 글을 소개하였는데, 국내 출판된 자료 중에 이렇게 구체적으로 관련 글을 소개한 책은 역자가 알기에는 없다. 필요하면 인터넷에서 그 자료를 찾아볼 수 있다. 또, 각 장마다 연습문제가 실려 있는데, 그 주제에 관련된 문제가 옛날부터 현대에 이르기까지 망라하여 제시되어 있다.

이 책은 제목처럼 연습문제를 해결하면서 수학의 발전사에 대한 안목을 높일 수 있는 매우 좋은 기회를 준다. 원서와는 달리 국내에서는 연습문제 풀이집도 출간되니, 먼저 풀어보고 풀이집을 참고한다면 수학자들이 어떤 문제들을 해결해왔는지 한 걸음씩 따라가 보는 맛을 느낄 수 있을 것이다.

그러니 이 책은 연필을 들고 읽어나가기를 권한다.

차례

제 1 장 고대 그리스와 수학의 토대

1.1 $\sqrt{17}$이 무리수임을 밝혀라.

풀이

$\sqrt{17}$이 무리수가 아니라고 가정하면 $\sqrt{17}=\frac{q}{p}$(p, q는 서로소인 정수, $q \neq 0$)이라고 할 수 있다. 양변을 제곱하면 $17p^2=q^2$으로 q는 17의 배수이다. $q=17m$(m은 정수)라고 하면 m과 p는 서로소이고 $17p^2=(17m)^2$, $p^2=17m^2$이므로 p도 17의 배수가 된다. 이는 p, q가 서로소라는 데 모순이다. 따라서 $\sqrt{17}$은 무리수이다.

1.2 $\alpha=\sqrt[5]{9}$는 $\alpha^5=9$를 만족하는 유일한 양의 실수이다. α가 무리수임을 증명하여라.

풀이

$\alpha=\sqrt[5]{9}$이 무리수가 아니라고 가정하면 $\sqrt[5]{9}=\frac{q}{p}$(p, q는 서로소인 정수, $q \neq 0$)이라고 할 수 있다. 양변을 다섯 제곱하면 $9p^5=q^5$으로 q^5은 3^2의 배수이어야 하므로 q는 3의 배수이다. $q=3m$(m은 정수)라고 하면 m과 p는 서로소이고 $9p^5=(3m)^5$, $3^2p^5=3^5m^5$, $p^5=3^3m^5$이므로 p도 3의 배수가 된다. 이는 p, q가 서로소라는 데 모순이다. 따라서 $\alpha=\sqrt[5]{9}$은 무리수이다.

1.3 m이 자연수일 때, $\sqrt{m}$은 자연수이거나 무리수임을 보여라.

풀이

m이 제곱수들의 곱이라면 m은 자연수이다.
만약 $m=A^2p_1p_2\cdots p_s$ (A는 자연수, p_i는 서로 다른 소수)와 같이 표현된다고 하자. 그러면 $\sqrt{m}=A\sqrt{p_1\cdots p_s}=A\sqrt{p_1}\cdots\sqrt{p_s}$이 무리수이므로 $\sqrt{m}$도 무리수이다.

1.4 m이 자연수일 때, $\sqrt[3]{m}$은 자연수이거나 무리수임을 보여라.

풀이

m이 세제곱 수이면 $\sqrt[3]{m}$은 자연수이다.
m이 세제곱 수가 아닐 때, $m = A^3 p_1 p_2 \cdots p_s$ (A는 자연수, p_i는 소수, p_i는 최대 두 개까지 같을 수 있다.)와 같이 표현된다고 하자. 그러면 $\sqrt[3]{m} = A\sqrt[3]{p_1 \cdots p_s} = A\sqrt[3]{p_1} \cdots \sqrt[3]{p_s}$ 이 무리수이므로 $\sqrt[3]{m}$도 무리수이다.

1.5 그림 1.34를 이용하여 피타고라스 정리를 새롭게 증명해보라. 이 그림 안에는 4개의 직각삼각형과 1개의 정사각형이 포함되어 있는데 각 다각형의 위치는 그림 1.3과는 다르다. 여기에는 큰 정사각형 안에 기울어진 작은 정사각형이 포함되어 있다. 그림의 변의 이름을 이용하여 각 직각삼각형의 넓이가 $\frac{ab}{2}$이고 안쪽의 정사각형의 넓이는 c^2임을 밝혀라. 또, 바깥쪽 큰 정사각형의 넓이는 $(a+b)^2$임을 밝혀라. 이 모든 식을 이용하여 피타고라스의 식을 유도하여라.

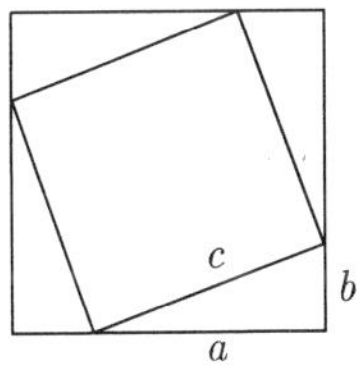

그림 1.34 _ 피타고라스 정리의 증명

풀이

직각삼각형에서 직각을 제외한 나머지 두 각의 크기의 합도 직각이므로 안쪽 작은 사각형은 정사각형이고 그 넓이는 c^2이다. 바깥쪽 큰 정사각형의 한 변의 길이는 $a+b$이므로 넓이는 $(a+b)^2$이다. 바깥쪽 큰 정사각형의 넓이는 직각삼각형 4개, 안쪽의 작은 정사각형의 넓이의 합과 같으므로 다음 식이 성립한다.

$$4\times\frac{ab}{2}+c^2=(a+b)^2$$

식을 정리하면 다음과 같이 피타고라스 정리를 얻는다.

$$c^2=a^2+b^2$$

1.6 그림 1.35에 의해 피타고라스 정리가 증명되는 이유를 설명하여라.

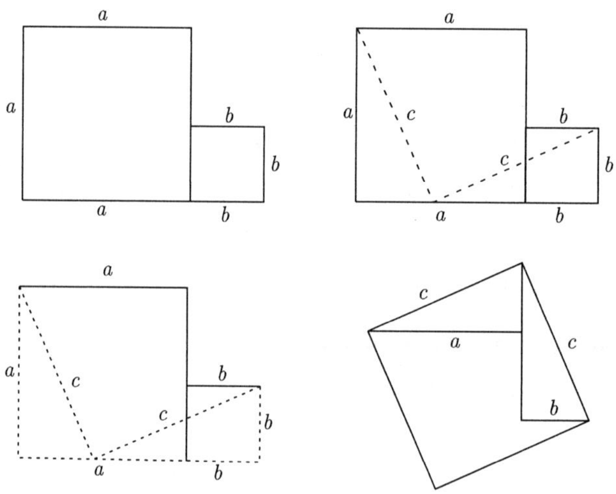

그림 1.35 _ 피타고라스 정리의 또 다른 증명

풀이

두 정사각형의 넓이는 a^2+b^2이고, 점선대로 잘라 다시 배열한 정사각형의 넓이는 c^2이다. 따라서 $c^2=a^2+b^2$이다.

1.7 7을 포함하는 피타고라스 수를 모두 찾아라.

풀이

$u^2-v^2=7$이라고 하면 $u=4,\ v=3$이므로 피타고라스의 수는 (24, 7, 25)이다.

$u^2+v^2=7$이라고 하면 이 식을 만족하는 u, v는 없다.
따라서 7을 포함하는 피타고라스의 수는 (24, 7, 25)뿐이다.

1.8 35보다 작은 수로만 이루어진 피타고라스 수를 모두 찾아라.

풀이

제곱수는 1, 4, 9, 16, 25, 36, …이다. 피타고라스의 수 $(u^2-v^2,\ 2uv,\ u^2+v^2)$ 중 가장 큰 수는 u^2+v^2이므로 두 수의 제곱의 합이 35보다 작은 경우만 알아보면 된다. 두 수의 제곱의 합이 35보다 작은 경우는 $4+1=5$, $9+1=10$, $16+1=17$, $25+1=26$, $9+4=13$, $16+4=20$, $25+4=29$, $16+9=25$, $25+9=34$뿐이다. 이 중 피타고라스의 수가 나오는 경우는 다음 다섯 가지 경우이다.

$u^2+v^2=5$라고 하면 $u=2$, $v=1$이므로
피타고라스의 수는 (3, 4, 5),
$u^2+v^2=17$라고 하면 $u=4$, $v=1$이므로
피타고라스의 수는 (15, 8, 17),
$u^2+v^2=13$라고 하면 $u=3$, $v=2$이므로
피타고라스의 수는 (5, 12, 13),
$u^2+v^2=25$라고 하면 $u=4$, $v=3$이므로
피타고라스의 수는 (7, 24, 25),
$u^2+v^2=29$라고 하면 $u=5$, $v=2$이므로
피타고라스의 수는 (21, 20, 29).

따라서 35보다 작은 수로 이루어진 피타고라스의 수는 (3, 4, 5), (5, 12, 13), (15, 8, 17), (7, 24, 25), (21, 20, 29)뿐이다.

1.9 1770년 워링은 모든 양의 정수를 4개 이하의 제곱수의 합으로 나타낼 수 있는가라는 문제를 내었는데, 힐베르트가 1909년에 풀었다. 예를 들어 12, 87, 31은 다

음과 같이 4개 이하의 제곱수의 합으로 나타난다.

$$12 = 3^2 + 1^2 + 1^2 + 1^2$$
$$87 = 2^2 + 3^2 + 5^2 + 7^2$$
$$31 = 5^2 + 2^2 + 1^2 + 1^2$$

101, 1001을 4개 이하의 제곱수의 합으로 나타내고, 이 문제를 푸는 컴퓨터 프로그램의 순서도를 만들어보아라.

풀이

$101 = 1^2 + 6^2 + 8^2$, $1001 = 2^2 + 4^2 + 9^2 + 30^2$. 다른 표현도 가능하다.

1.10

이 문제는 교실에서 토론하기에 좋은 문제로 9번의 워링 문제에 관한 것이다. 워링 문제에서 제곱을 세제곱으로 바꾸어보자. 양의 정수를 나타내려면 몇 개의 세제곱수가 필요한가? 가설을 세우고 이 문제를 푸는 컴퓨터 프로그램의 순서도를 만들어 가설을 검증해보아라. 또, 101, 1001을 세제곱수의 합으로 나타내어라.

풀이

1909년 모든 양의 정수는 최대 9개의 세제곱수의 합으로 나타낼 수 있음이 증명되었다.

$$101 = 1^3 + 1^3 + 2^3 + 4^3, \quad 1001 = 1^3 + 3^3 + 3^3 + 3^3 + 4^2 + 7^3 + 8^3$$

다른 표현도 가능하다.

1.11

그림 1.36에서와 같이 평면 위의 점은 실수의 순서쌍으로 나타낼 수 있다. 피타고라스 정리를 이용하여 원점 $(0, 0)$과 점 (a, b) 사이의 거리를 구하여라.

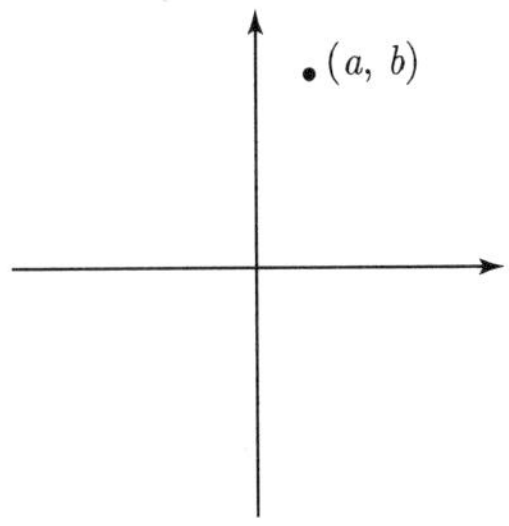

그림 1.36

풀이

$$\sqrt{a^2+b^2}$$

1.12 두 점 $(x,\ y)$와 $(x',\ y')$ 사이의 거리를 구하여라.

풀이

$$\sqrt{(x-x')^2+(y-y')^2}$$

1.13 평면 위의 모든 점은 실수의 순서쌍으로 나타낼 수 있다면 그림 1.37에서와 같이 3차원 공간에서의 모든 점도 실수 3개의 쌍으로 나타낼 수 있다. 피타고라스 정리를 이용하여 3차원 공간에서 두 점 $(x,\ y,\ z)$과 $(x',\ y',\ z')$ 사이의 거리를 구하여라.

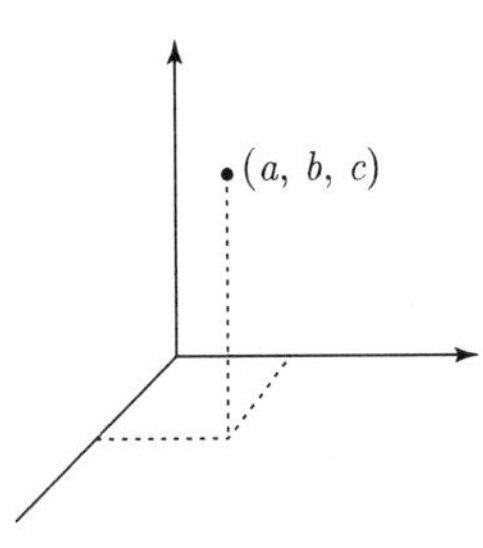

그림 1.37

풀이

$$\sqrt{(x-x')^2+(y-y')^2+(z-z')^2}$$

1.14 과제 그림 1.38과 같이 삼각형 ABC에서 코사인 법칙에 의하면 다음 식이 성립한다.

$$a^2 + b^2 - 2ab\cos\gamma = c^2$$

$\gamma = \frac{\pi}{2} = 90°$이면 $a^2 + b^2 = c^2$이므로 이 식은 피타고라스 정리를 일반화한 것이다. 본문에 있는 것과 비슷한 방법으로 코사인 정리를 증명하여라. 왜 사인에 대해서는 비슷한 정리가 없는지 그 이유를 설명하여라.

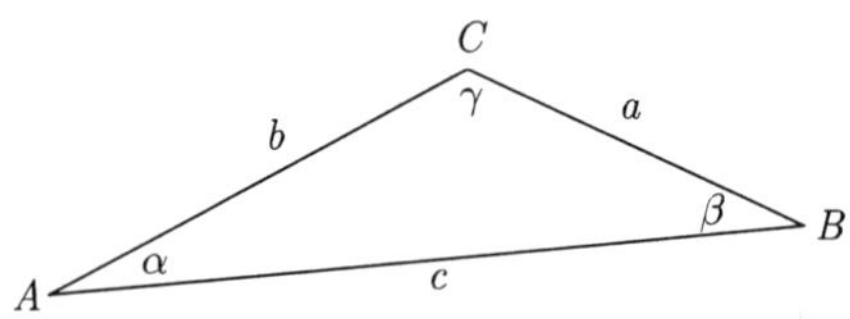

그림 1.38

풀이

아래 그림은 삼각형 ABC의 각 변 위에 정사각형을 그린 것이다. 두 점 B, C에서 대변에 내린 수선의 발을 각각 B', C'이라고 하면 $\overline{AB'} = c\cos\alpha$, $\overline{AC'} = b\cos\alpha$이므로 어두운 두 직사각형의 넓이는 $bc\cos\alpha$로 같다. 마찬가지로 점 A에서도 대변에 수선을 내리면 빗금 친 두 직사각형의 넓이는 $ab\cos\gamma$로 같고, 가장 어두운 두 직사각형의 넓이는 $ca\cos\beta$로 같다.

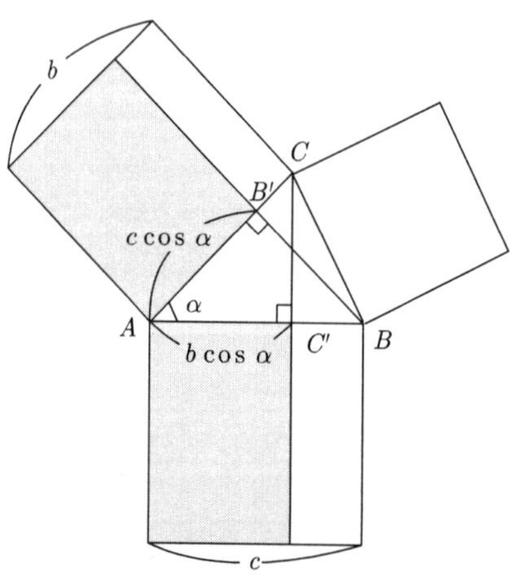

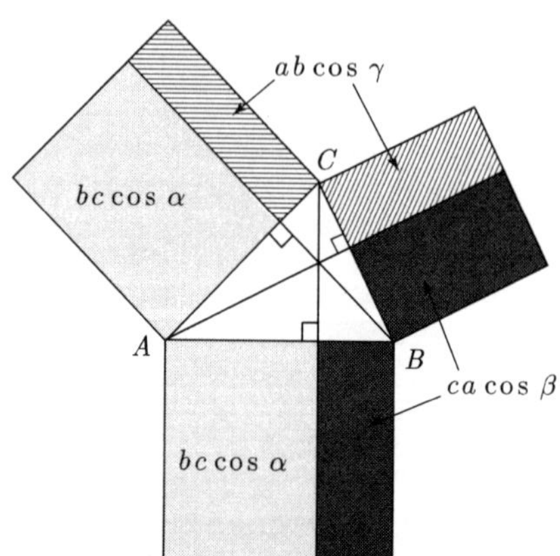

변 AB 위에 만들어진 정사각형에서 $c^2 = ca\cos\beta + bc\cos\alpha$인데, 여기에 $2ab\cos\gamma$를 더하고 빼면

$$\begin{aligned} c^2 &= (ca\cos\beta + ab\cos\gamma) + (bc\cos\alpha + ab\cos\gamma) - 2ab\cos\gamma \\ &= a^2 + b^2 - 2ab\cos\gamma \end{aligned}$$

이다.

1.15 **과제** 유클리드 기하에서는 당연해 보이는 정리가 증명하기 어려운 경우도 있다. 예를 들어, 아래의 정리를 보자.

> **정리** : 삼각형 ABC가 있다. 각 A의 이등분선과 각 B의 이등분선의 길이가 같으면 $\angle A = \angle B$로 이등변삼각형임을 증명하여라.

이 정리를 증명해보아라. 각 이등분선의 길이는 이웃한 두 변의 길이의 곱에서 대변을 이등분한 길이의 곱을 뺀 것과 같음을 이용하라. 또 다른 방법으로, 좌표 평면에 삼각형을 그려서 증명할 수도 있다.

풀이

각 A, 각 B의 이등분선이 대변과 만난 교점을 각각 E, F라고 하자. 만약 $\angle A < \angle B$라고 가정하면

$$\angle A < \frac{1}{2}(\angle A + \angle B) < \frac{1}{2}(\angle A + \angle B + \angle C) = 90^\circ$$

$\angle GBA = \angle A$인 점 G를 변 AE 위에 잡으면

$$\angle GBA = \angle A < 90^\circ$$

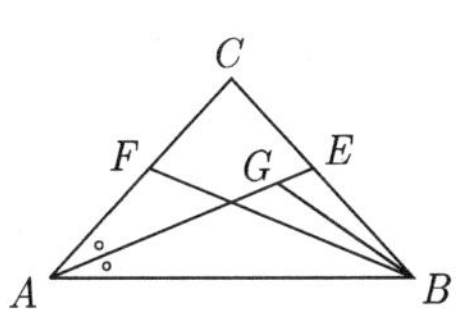

네 점 F, A, B, G를 지나는 원이 있고 한 원에서 예각인 원주각의 크기가 클수록 현의 길이도 길어지므로 $\angle A = \angle GBA < \angle B$로부터 $\overline{BF} = \overline{AG} < \overline{AE}$를 얻는다. 이는 $\overline{BF} = \overline{AE}$에 모순이다.
반대로 $\angle A > \angle B$라고 가정해도 모순을 얻어 $\angle A = \angle B$이고, 따라서 $\overline{CA} = \overline{CB}$로 삼각형 ABC는 이등변삼각형이다.

1.16

과제 아르키메데스의 방법을 이용하여 장축의 길이가 $2b$, 단축의 길이가 $2a$인 타원의 넓이를 구하여라.

풀이

타원 $\frac{x^2}{a^2} + \frac{y^2}{b^2} = 1$ $(b > a)$의 넓이를 아르키메데스의 방법으로 구하여보자. 타원과 x축, y축과의 교점 $(\pm a,\ 0)$, $(0,\ \pm b)$를 잇는 내접사각형의 넓이는 $2ab$이다. 이제 타원 위에 또 다른 점 A_1을 잡아 내접다각형의 변의 개수를 두 배로 늘리자. 점 A_1은 원점과 x축과의 교점 $(a,\ 0)$의 중점 $M_1\left(\frac{a}{2},\ 0\right)$을 잡아 직선 $x = \frac{a}{2}$와 타원이 만난 점으로 한다. 이와 같은 방법으로 하여 내접팔각형을 만들면 그 넓이는 $4\left\{\frac{1}{2}\left|b \cdot \frac{a}{2} + a \cdot \frac{\sqrt{3}}{2}b\right|\right\} = (1 + \sqrt{3})ab \approx 2.732ab$이다. 이제 또 다른 점 A_2, A_3를 잡아 내접십육각형을 만들자. 원점과 점 M_1, 점 M_1과 점 $(a,\ 0)$의 중점을 각각 $M_2\left(\frac{a}{4},\ 0\right)$, $M_3\left(\frac{3}{4}a,\ 0\right)$라고 한다. 직선 $x = \frac{a}{4}$, $x = \frac{3}{4}a$와 타원의 교점을 각각 A_2, A_3라고 하면 $A_2\left(\frac{a}{4},\ \frac{\sqrt{15}}{4}b\right)$, $A_3\left(\frac{3a}{4},\ \frac{\sqrt{7}}{4}b\right)$이다. 이 점들로 내접십육각형을 만들면 그 넓이는 $4\left[\frac{1}{2}\left\{\frac{\sqrt{7}}{4}ab + \frac{ab}{4} + \left|\frac{3\sqrt{3} - \sqrt{7}}{8}ab\right| + \left|\frac{\sqrt{15} - \sqrt{3}}{8}ab\right|\right\}\right] \approx 2.996ab$이다.
내접사각형, 내접팔각형, 내접십육각형으로 변의 개수를 두 배씩 늘려나갈 때 다각형의 넓이는 $2ab$, $2.732ab$, $2.996ab$로 점점 πab로 다가가는 것을 볼 수 있다. 이와 같은 과정을 반복하면 타원의 넓이 πab로 다가갈 수 있을 것이다.

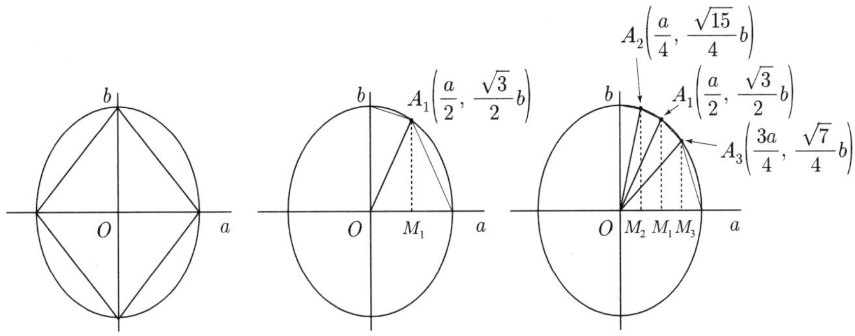

참고 원점과 두 점 (x_1, y_1), (x_2, y_2)를 지나는 삼각형의 넓이는 $\frac{1}{2}|x_1y_2 - y_1x_2|$이다.

제 2 장 제논의 역설과 극한의 개념

2.1 기하급수를 사용하여 제논의 둘째 역설을 분석하여라.

풀이

제논은 여자와 벽까지의 거리의 절반이 항상 남아 있기 때문에, 즉 여자가 걸어야 할 거리가 항상 남아 있기 때문에 결코 벽에 도달할 수 없다고 하였다. 그러나 여자가 걸어야 할 거리의 합이 수렴하기 때문에 여자는 벽에 도착할 수 있다.

여자와 벽까지의 거리를 1이라 하면, 여자가 벽까지 가는 도중에 중간지점에 도착하고, 다시 그 지점부터 벽까지의 중간지점에 도착하고, 다시 그 지점부터 벽까지의 중간지점에 도착해야 한다. 이와 같이 계속해 진행할 경우 여자가 간 거리를 다 더해보면

$$\frac{1}{2}+\frac{1}{4}+\frac{1}{8}+\cdots=\left(\frac{1}{2}\right)+\left(\frac{1}{2}\right)^2+\left(\frac{1}{2}\right)^3+\cdots=\frac{1/2}{1-(1/2)}=1$$

이다.

2.2 2로 나누는 대신 3으로 나누는 것과 관련된 제논의 역설을 만들어라. 이 문제에 대해서 토론하여라.

풀이

움직이는 것은 끝에 도착하기 전에 반드시 1/3 지점을 지나야 하므로 운동은 불가능하다. 자세히 설명하면, 어떤 선분을 지나가기 위해서는 필연적으로 선분의 1/3 지점에 도달해야 한다. 선분의 1/3 지점에 도달하기 위해서는 $(1/3)/3=1/9$ 지점에 도달해야 하고, 다시 선분의 1/3 지점에 도달하기 위해서는 $(1/9)/3=1/27$ 지점에 도달해야 한다. 이런 식으로 끝도 없이 계속된다. 그러므로 움직임은 결코 시작될 수 없다.

2.3 $\left(\frac{4}{3}\right)^5+\left(\frac{4}{3}\right)^6+\left(\frac{4}{3}\right)^7+\cdots+\left(\frac{4}{3}\right)^{50}$을 계산하여라.

풀이

$$\left(\frac{4}{3}\right)^5+\left(\frac{4}{3}\right)^6+\left(\frac{4}{3}\right)^7+\cdots+\left(\frac{4}{3}\right)^{50}$$
$$=\left[1+\left(\frac{4}{3}\right)^1+\left(\frac{4}{3}\right)^2+\cdots+\left(\frac{4}{3}\right)^{50}\right]-\left[1+\left(\frac{4}{3}\right)^1+\left(\frac{4}{3}\right)^2+\left(\frac{4}{3}\right)^3+\left(\frac{4}{3}\right)^4\right]$$
$$=\frac{(4/3)^{51}-1}{(4/3)-1}-\frac{(4/3)^5-1}{(4/3)-1}$$
$$=3\left[\left(\frac{4}{3}\right)^{51}-\left(\frac{4}{3}\right)^5\right]$$

2.4 $\left(\frac{2}{7}\right)^3+\left(\frac{2}{7}\right)^6+\left(\frac{2}{7}\right)^9+\cdots+\left(\frac{2}{7}\right)^{81}$을 계산하여라.

풀이

$$\left(\frac{2}{7}\right)^3+\left(\frac{2}{7}\right)^6+\left(\frac{2}{7}\right)^9+\cdots+\left(\frac{2}{7}\right)^{81}$$
$$=\left[1+\left(\frac{2}{7}\right)^1+\left(\frac{2}{7}\right)^2+\cdots+\left(\frac{2}{7}\right)^{81}\right]-\left[1+\left(\frac{2}{7}\right)^1+\left(\frac{2}{7}\right)^2\right]$$
$$=\frac{1-(2/7)^{82}}{1-(2/7)}-\frac{1-(2/7)^3}{1-(2/7)}$$
$$=\frac{7}{5}\left[\left(\frac{2}{7}\right)^3-\left(\frac{2}{7}\right)^{82}\right]$$

2.5 $\sum_{j=0}^{\infty}\left(\frac{6}{13}\right)^j=1+\left(\frac{6}{13}\right)+\left(\frac{6}{13}\right)^2+\cdots$ 을 계산하여라.

풀이

$$\sum_{j=0}^{\infty}\left(\frac{6}{13}\right)^j=1+\left(\frac{6}{13}\right)+\left(\frac{6}{13}\right)^2+\cdots=\frac{1}{1-(6/13)}=\frac{13}{7}$$

2.6 $\sum_{j=3}^{\infty}\left(\frac{12}{17}\right)^j=\left(\frac{12}{17}\right)^3+\left(\frac{12}{17}\right)^4+\left(\frac{12}{17}\right)^5+\cdots$을 계산하여라.

풀이

$$\sum_{j=3}^{\infty}\left(\frac{12}{17}\right)^j=\left(\frac{12}{17}\right)^3+\left(\frac{12}{17}\right)^4+\left(\frac{12}{17}\right)^5+\cdots$$
$$=\frac{1}{1-(12/17)}-\frac{1-(12/17)^3}{1-(12/17)}=\frac{17}{5}\left(\frac{12}{17}\right)^3$$

2.7 $\left(\frac{17}{21}\right)^5+\left(\frac{17}{21}\right)^{10}+\left(\frac{17}{21}\right)^{15}+\cdots$을 계산하여라.

풀이

$$\left(\frac{17}{21}\right)^5+\left(\frac{17}{21}\right)^{10}+\left(\frac{17}{21}\right)^{15}+\cdots=\frac{1}{1-(17/21)}-\frac{1-(17/21)^5}{1-(17/21)}=\frac{21}{4}\left(\frac{17}{21}\right)^5$$

2.8 어떤 방사성 물질은 3시간마다 현재의 물질이 반으로 붕괴되는 성질을 가지고 있다. 월요일 오전 10시 현재 10그램(g)인 방사성 물질이 있다고 하자. 같은 주 목요일 오전 10시에 방사성 물질은 얼마나 남아 있겠는가? [도움말 : 계산으로는 이 문제를 해결할 수 없다. 2장의 학습 내용을 사용해야 한다.]

풀이

월요일 오전 10시부터 같은 주 목요일 오전 10시까지는 정확히 3일이다. 하루는 24시간이므로 하루에 8번, 총 24번 붕괴를 한다.
따라서 같은 주 목요일 오전 10시에 남아 있는 방사선 물질의 양은 다음과 같다.

$$10\left(1+\frac{1}{2}+\left(\frac{1}{2}\right)^2+\cdots+\left(\frac{1}{2}\right)^{24}\right)=10\left(\frac{1-(1/2)^{25}}{1-(1/2)}\right)=20\left(1-\left(\frac{1}{2}\right)^{25}\right)(\mathrm{g})$$

2.9 박테리아 개체군은 끊임없이 번식한다. 그 결과 박테리아의 전체 수는 6시간마다 두 배가 된다. 화요일 오전 9시 현재 10,000마리의 박테리아가 있는 경우에, 같은 주 토요일 오전 9시 현재 얼마나 많은 박테리아가 있을까? [도움말 : 계산으로는 이 문제를 해결할 수 없다. 2장의 학습 내용을 사용해야 한다.]

풀이

화요일 오전 9시부터 같은 주 토요일 오전 9시까지는 정확히 4일이다. 하루는 24시간이므로 하루에 4번, 총 16번 번식을 한다.
따라서 같은 주 토요일 오전 9시에 남아있는 박테리아 수는 다음과 같다.

$$10000(1+2+2^2+\cdots+2^{16}) = 10000\left(\frac{2^{17}-1}{2-1}\right) = 10000(2^{17}-1)(\text{마리})$$

2.10 정오 전 어떤 시간부터 눈이 내리기 시작했다. 정오에 제설기로 거리의 눈을 치우기 시작한다. 제설기로 처음 1시간 동안은 두 블록의 눈을 치우고, 그 다음 1시간 동안은 한 블록의 눈을 치운다. 언제부터 눈이 내리기 시작하였는가? [도움말 : 실제로 이 문제를 해결하기 위한 방정식이나 공식을 찾을 수 없을 것이다. 그러나 이 문제를 분석하기 위해 2장에서 배운 아이디어를 사용할 수 있다. 기술된 상황을 위한 몇몇 수치적인 근삿값을 계산하기 위해 컴퓨터 또는 계산기를 사용하여라. 다시 말하면, 이것을 수학적인 모델링 문제로 생각하여라. 강설량을 모방하기 위해서 그리고 근사치인 답을 끌어내기 위해서 계산기를 사용하여라. 이 문제를 토론하여라.]

풀이

이 문제는 다음과 같은 상황을 약속하지 않으면 해결하기 어려운 문제이다.

가정 1 : 눈은 균일한 속도로 내리고 있으며 시간당 내린 눈의 깊이를 1이라 하자.

가정 2 : 제설기는 균일한 속도로 눈을 치운다고 하자.

눈이 오기 시작했을 때부터 정오까지 시간 길이를 A라 하고, 제설기가 눈을 치우는데 걸린 시간을 t라 하자. 여기서 $t=0$은 제설기가 작업을 시작한 정오를 나타낸다. 눈이 오기 시작해서 눈을 다 치우는데 걸린 시간은

$t+A$이고, (가정 1)에 의해서 이 시간 동안 쌓인 눈의 깊이도 $t+A$이다. 제설기가 눈을 치울 때의 속도를 $v(t)$라 하면 눈을 치우는 속도는 당연히 쌓인 눈의 깊이에 반비례한다.

따라서 $v(t)=\dfrac{k}{t+A}$인 0이 아닌 상수 k가 존재한다. 속도는 거리에 대한 시간의 순간변화율이므로 시간 t에서 제설기가 치운 눈의 직선거리를 $l(t)$라 하면

$$\frac{d}{dt}l(t)=v(t)=\frac{k}{t+A}$$

즉,

$$l(t)=\int\frac{k}{t+A}dt=k\ln(t+A)+C$$

이다. 문제의 조건으로부터 $0=l(0)=k\ln A+C$에서 $C=-k\ln A$이므로

$$l(t)=k\ln(t+A)-k\ln A=k\ln\left(1+\frac{t}{A}\right)$$

이다. 제설기는 처음 1시간 동안은 2단위의 눈을 치웠고, 그 다음 1시간 동안은 1단위의 눈을 치웠다고 했으므로 $l(1)=2,\ l(2)=3$로 식을 세우면

$$2=l(1)=k\ln\left(1+\frac{1}{A}\right)$$
$$3=l(2)=k\ln\left(1+\frac{2}{A}\right)$$

이다. 이로부터

$$\frac{1}{2}\ln\left(1+\frac{1}{A}\right)=\frac{1}{k}=\frac{1}{3}\ln\left(1+\frac{2}{A}\right)$$
$$\ln\left(1+\frac{1}{A}\right)^3=\ln\left(1+\frac{2}{A}\right)^2$$

이 성립한다. 자연로그함수는 전단사함수이므로 $\left(1+\dfrac{1}{A}\right)^3=\left(1+\dfrac{2}{A}\right)^2$이다. $\dfrac{1}{A}=x(\neq 0)$로 놓고 정리하면,

$$0=(1+x)^3-(1+2x)^2=x^3-x^2-x=x(x^2-x-1)$$

이다. 따라서 $x^2-x-1=0$을 만족한다. 근의 공식에 의해서 $\frac{1}{A}=x=\frac{1+\sqrt{5}}{2}$이므로

$$A=\frac{2}{\sqrt{5}+1}=\frac{2(\sqrt{5}-1)}{(\sqrt{5}+1)(\sqrt{5}-1)}=\frac{\sqrt{5}-1}{2}\fallingdotseq 0.62(\text{시간})$$

즉, 눈은 대략 $0.62\times 60=37.2$분 전 정오, 11시 22.8분에 내리기 시작하였다.

2.11 스펀지는 물을 일정한 속도로 흡수한다. 그 결과로, 스펀지의 부피는 시간당 1/10씩 증가한다. 정오에 0.8세제곱피트의 부피를 가진 스펀지가 물을 흡수하기 시작하는 경우, 다음날 정오에 스펀지의 부피는 얼마가 되겠는가?

풀이

정오에서 다음날 정오까지는 정확히 하루이다. 하루는 24시간이므로 매 시간마다 부피를 계산하여 규칙을 찾아보면, 다음과 같다.

정오 : 0.8

1시간 후 : $0.8+0.8\times\frac{1}{10}=0.8\times\left(\frac{11}{10}\right)^1$

2시간 후 : $0.8\times\left(\frac{11}{10}\right)^1+0.8\times\left(\frac{11}{10}\right)^1\times\frac{1}{10}=0.8\times\left(\frac{11}{10}\right)^2$

3시간 후 : $0.8\times\left(\frac{11}{10}\right)^2+0.8\times\left(\frac{11}{10}\right)^2\times\frac{1}{10}=0.8\times\left(\frac{11}{10}\right)^3$

…

따라서 24시간 후, 즉 다음날 정오에 스펀지의 부피는 $0.8\times\left(\frac{11}{10}\right)^{24}$이다.

2.12 2006년 1월 2일에 은행에 1,000달러를 예금했다. 이자는 복리 5%인데, 은행은 이자를 매일 지불한다(이것은 이자의 1/365이 매일 지불되고, 그 이자는 원금에 더해지는 것을 의미한다). 2007년 1월 2일에는 계좌에 얼마의 돈이 있을까? [도움말 : 둘째 날에 이자를 계산할 때, 첫째 날 지불된 이자에도 이자가 있다는 것을 명심하자. 따라서 돈의 증가량은 날이 지날수록 커진다. 이 문제를 토론하여라.]

풀이

1일 후의 돈은 원금 1000달러와 복리 5%의 1/365를 더하면

$$1000 + 1000 \times \frac{5}{100} \times \frac{1}{365} = 1000\left(1 + \frac{1}{7300}\right)$$

2일 후의 돈은 1일 후의 돈과 그 돈의 복리의 1/365를 더하면

$$1000\left(1 + \frac{1}{7300}\right) + 1000\left(1 + \frac{1}{7300}\right) \times \frac{5}{100} \times \frac{1}{365} = 1000\left(1 + \frac{1}{7300}\right)^2$$

이와 같은 방법으로 하면 365일 후인 2007년 1월 2일에는 계좌에 $1000\left(1 + \frac{1}{7300}\right)^{365}$달러가 있게 된다.

2.13 **과제** 무한 합 $\sum_{j=1}^{\infty} \frac{1}{j} = 1 + \frac{1}{2} + \frac{1}{3} + \cdots$을 조사하자.

이 급수는 발산한다. 이것은 N이 크게 되는 만큼 부분합이(한계 없이) 더 크게 됨을 의미한다. $S_N \equiv \sum_{j=1}^{N} \frac{1}{j}$이라 놓자. S_{100}, S_{1000}, $S_{1000000}$을 계산하기 위하여 계산기 또는 컴퓨터를 사용하자. 나오는 답이 실제 점점 더 커지는 사실을 발견할 것이다. 그러나 아주 크지는 않다. 실제로 $S_{1000000}$은 대략 13이다. S_N이 100을 넘기 위해서 N은 대략 2.66×10^{43}이어야 한다. 따라서 이 급수는 아주 천천히 발산한다. 부분 합 S_2, S_4, S_8 등을 조사하여 식

$$\lim_{N \to \infty} S_N = +\infty$$

가 성립한다는 확신을 얻을 수 있는 어떤 규칙을 찾을 수 있을지 알아보아라.

풀이

$$S_2 = 1 + \frac{1}{2}$$

$$S_4 = 1 + \frac{1}{2} + \frac{1}{3} + \frac{1}{4} \geq 1 + \frac{1}{2} + \frac{1}{4} + \frac{1}{4} = 1 + \frac{1}{2} \times 2$$

$$\begin{aligned} S_8 &= 1 + \frac{1}{2} + \frac{1}{3} + \frac{1}{4} + \frac{1}{5} + \frac{1}{6} + \frac{1}{7} + \frac{1}{8} \\ &\geq 1 + \frac{1}{2} + \frac{1}{4} + \frac{1}{4} + \frac{1}{8} + \frac{1}{8} + \frac{1}{8} + \frac{1}{8} \\ &= 1 + \frac{1}{2} \times 3 \end{aligned}$$

이와 같은 방법으로 생각하면 $s_{2^n} \geq 1 + \frac{1}{2} \times n$ 으로 발산한다.

2.14 과제 다음과 같은 방법을 이용하여 변의 길이가 1인 정사각형의 대각선 길이를 '계산'해보자(그림 2.10).

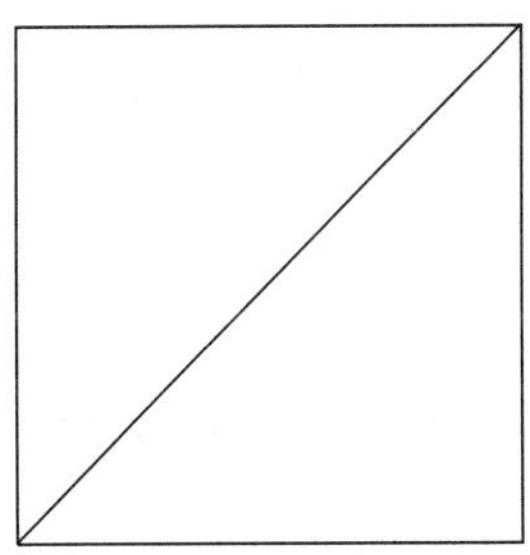

그림 2.10 _ 정사각형의 대각선

정사각형의 네 변에 각각 평행한 4개의 변을 갖는 부분적으로 선형인 곡선으로 대각선 길이의 근삿값을 얻으려고 한다(그림 2.11). 각 조각은 길이가 $\frac{1}{2}$이다. 따라서 근사 곡선의 전체 길이는 $\frac{1}{2} + \frac{1}{2} + \frac{1}{2} + \frac{1}{2} = 2$이다. 이제 더 짧은 길이 $\frac{1}{4}$을 갖는 부분적으로 선형인 곡선을 사용해서 더 정밀한 근삿값을 얻어보자(그림 2.12). 이들 8개 모서리 길이의 전체 합은 2이다. 두번째 근삿값 또한 2임을 알았다. 길이가 $\frac{1}{8}$, $\frac{1}{16}$ 등을 갖는 부분적으로 선형인 곡선을 가지고 이런 식으로 계속하면 각 근삿값은 길이가 2임을 발견할 수 있다. 부분적으로 선형인 곡선은 분명히 정사각형의 대각선으로 접근하기 때문에(그림을 보라!), 정사각형의 대각선 길이는 2라는 결론을 내린다. 이 추론에서 무엇이 잘못되었는가? 어떻게 피타고라스 정리와 어울릴 수 있는가?

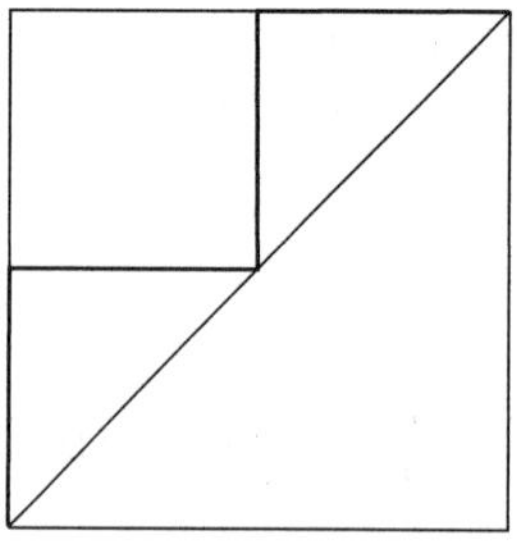

그림 2.11 _ 정사각형 대각선의 첫번째 근삿값

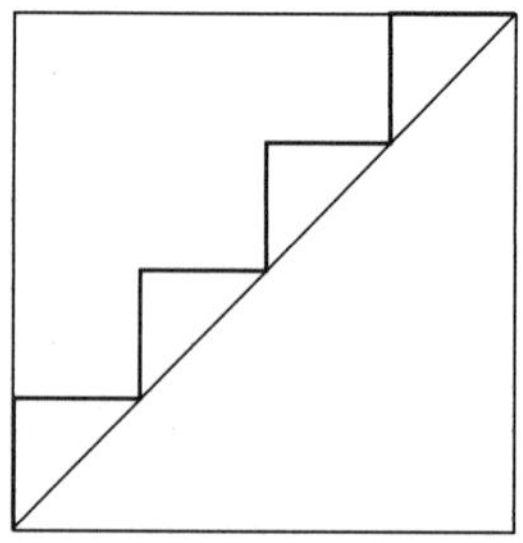

그림 2.12 _ 정사각형 대각선의 두번째 근삿값

풀이

그림 2.10, 그림 2.11, 그림 2.12의 방법에 의하면

$$1+1=2$$

$$\frac{1}{2}+\frac{1}{2}+\frac{1}{2}+\frac{1}{2}=2$$

$$\frac{1}{4}+\frac{1}{4}+\frac{1}{4}+\frac{1}{4}+\frac{1}{4}+\frac{1}{4}+\frac{1}{4}+\frac{1}{4}=2$$

로 이 과정을 무한히 반복하면 한 변의 길이가 1인 정사각형의 대각선의 길이는 2이다. 왜냐하면, 문제에서 언급한 n번째 선분의 길이는 $\left(\frac{1}{2}\right)^n$이고 그 선분의 개수는 2^{n+1}이므로 무한 번째 선분의 길이는

$$\lim_{n\to\infty}(2^{n+1})\left(\frac{1}{2}\right)^n=2$$

이다. 그러나 삼각형의 한 변의 길이는 나머지 두 변의 길이의 합보다 작으므로 그림과 같은 방법은 옳지 않다.

한편, 피타고라스의 정리에 의하면 한 변의 길이가 1인 정사각형의 대각선의 길이는 $\sqrt{1^2+1^2}=\sqrt{2}$ 이고, 이것은 삼각형의 두변의 길이 합 2보다 작다.

2.15 **과제** 원의 둘레를 계산하기 위하여 문제 14에 있는 주장을 따라해보라. 그 추론에서 결점은 무엇인가?

풀이

원의 1/4의 둘레의 길이는 $\frac{2\pi}{4}=\frac{\pi}{2}$ 이다. 원의 둘레를 문제 14에서와 같이 계단식으로 접근(굵은 선분)하면 $\frac{\pi}{2}$ 인지 확인해보자. 그림에서 점 P_n의 좌표는 $\left(\cos\frac{\pi}{2^{n+1}}, \sin\frac{\pi}{2^{n+1}}\right)$ 이다.

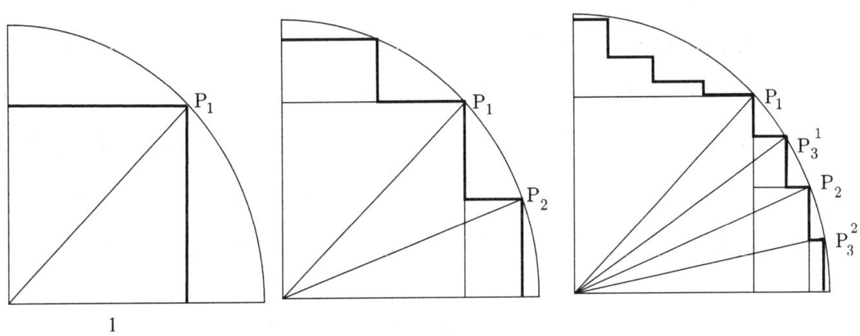

- 1단계 근사 길이 : $\frac{\sqrt{2}}{2}\times 2=\sqrt{2}$
- 2단계 근사 길이 : 점 $P_1\left(\cos\frac{\pi}{2^2}, \sin\frac{\pi}{2^2}\right)$, $P_2\left(\cos\frac{\pi}{2^3}, \sin\frac{\pi}{2^3}\right)$ 이므로

$$\sqrt{2}+2\left(\cos\frac{\pi}{2^3}-\cos\frac{\pi}{2^2}\right)$$

- 3단계 근사 길이 : 점 $P_2\left(\cos\frac{\pi}{2^3}, \sin\frac{\pi}{2^3}\right)$, $P_3^1\left(\cos\frac{3\pi}{2^4}, \sin\frac{3\pi}{2^4}\right)$,

$P_3^2\left(\cos\frac{\pi}{2^4}, \sin\frac{\pi}{2^4}\right)$ 이므로

$$\sqrt{2}+2\left(\cos\frac{\pi}{2^4}-\cos\frac{\pi}{2^2}\right)$$

이와 같은 방법으로 계속 하면 n단계 근사 길이는 $\sqrt{2}+2\left(\cos\frac{\pi}{2^{n+1}}-\cos\frac{\pi}{2^2}\right)$이고 $n\to\infty$이면 $\cos\frac{\pi}{2^{n+1}}=1$이므로 원의 1/4의 둘레의 길이는 $\sqrt{2}+2\left(1-\frac{\sqrt{2}}{2}\right)=2$가 된다.

따라서 이와 같은 계단 모양의 선분으로 원 둘레의 길이를 근사하면 반지름의 길이가 1인 원의 둘레 길이는 2π가 아닌 8이 된다.

곡선의 길이는 계단 모양의 선분이 아니라 할선으로 근사해야 정확하게 구할 수 있다. 이 방법으로 원주의 길이를 구하여 원주율(원 둘레의 지름에 대한 비)의 근삿값을 소수점 아래 둘째 자리까지 정확하게 구한 사람이 바로 기원전 3세기의 아르키메데스이다.

아르키메데스는 단위원에 내접, 외접하는 정다각형을 이용하여 원 둘레의 길이는 내접하는 정다각형의 둘레의 길이보다는 크고 외접하는 정다각형의 둘레의 길이보다는 작다는 사실에 착안하였다. 먼저 원에 내접, 외접하는 정6각형을 그렸고, 이 그림으로부터 변의 개수를 두 배씩 늘려서 원에 내접, 외접하는 정12각형, 정24각형, 정48각형, 정96각형을 그려

$$\frac{446}{71}<\text{단위원의 둘레의 길이}=2\pi<\frac{44}{7}$$

로부터

$$3.140845\cdots<(\text{원주율})<3.142857\cdots$$

을 얻어냈다.

이것을 식으로 나타내면 문제 14와 같이 기하학적 직관으로 단위원의 둘레의 길이를 살펴보면 다음과 같다. 단위원에 내접하는 정 $6\times2^{n-1}$각형의 둘레의 길이를 I_n, 외접하는 정 $6\times2^{n-1}$각형의 둘레의 길이를 E_n, 한 변이 중심과 이루는 각을 $\theta_n=\frac{360°}{6\times2^{n-1}}$라 하면, 내접, 외접하는 정 $6\times2^{n-1}$각형의 둘레의 길이는 각각

$$I_n = 6 \times 2^{n-1} \times 2\sin\frac{\theta_n}{2} = 6 \times 2^n \sin\frac{\theta_n}{2}$$

$$E_n = 6 \times 2^{n-1} \times 2\tan\frac{\theta_n}{2} = 6 \times 2^n \tan\frac{\theta_n}{2}$$

이다. $\sin\theta = \tan\theta\cos\theta$이므로 다음의 관계식을 얻을 수 있다.

$$\frac{I_n}{E_n} = \frac{6 \times 2^n \sin\frac{\theta_n}{2}}{6 \times 2^n \tan\frac{\theta_n}{2}} = \cos\frac{\theta_n}{2} \quad \text{혹은} \quad I_n = E_n \cos\frac{\theta_n}{2}$$

n이 무한히 커지면($n \mapsto \infty$), θ_n은 한없이 0에 가까이 가고($\theta_n \to 0$), 결국 $\frac{\theta_n}{2}$의 코사인 값은 한없이 1에 가까이 간다, 즉 $\cos\frac{\theta_n}{2} \to 1$. 따라서 $l_\infty = E_\infty$이다.

한편, $\lim\limits_{n\to\infty} I_n = \lim\limits_{n\to\infty} 6 \times 2^{n-1} \times 2\sin\frac{2\pi}{6\times 2^{n-1}} = \lim\limits_{n\to\infty} 2\pi \times \frac{\sin\frac{2\pi}{6\times 2^{n-1}}}{\frac{2\pi}{6\times 2^{n-1}}} = 2\pi$이다.

2.16 과제 임의의 육각형이 어떤 원뿔곡선에 내접한 경우, 세 쌍의 대변이 만날 때까지 연장하면 3개의 교점은 어떤 한 직선 위에 놓이게 된다. 이것이 사영기하학에서의 파스칼의 정리이다. 이것이 사실인지를 확인하기 위해서 몇 개의 그림을 그려보라. 그 주장이 정당한 이유를 찾아라.

풀이

타원의 경우 : 타원 위의 점 A, B, C, D, E, F에 대하여

$$\overleftrightarrow{AB} \cap \overleftrightarrow{DE} = X,\ \overleftrightarrow{BC} \cap \overleftrightarrow{EF} = Y,\ \overleftrightarrow{CD} \cap \overleftrightarrow{FA} = Z$$

이라고 하면, 세 점 X, Y, Z는 일직선 위에 있다.

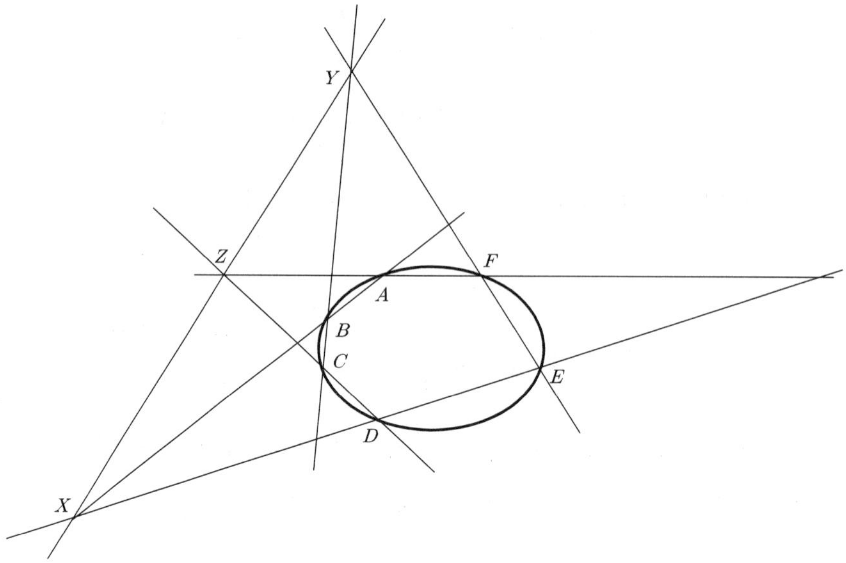

원의 경우 : 원 위의 점 A, B, C, D, E, F에 대하여

$$\overleftrightarrow{AB} \cap \overleftrightarrow{DE} = X,\ \overleftrightarrow{BC} \cap \overleftrightarrow{EF} = Y,\ \overleftrightarrow{CD} \cap \overleftrightarrow{FA} = Z$$

이라고 하면, 세 점 X, Y, Z는 일직선 위에 있다.

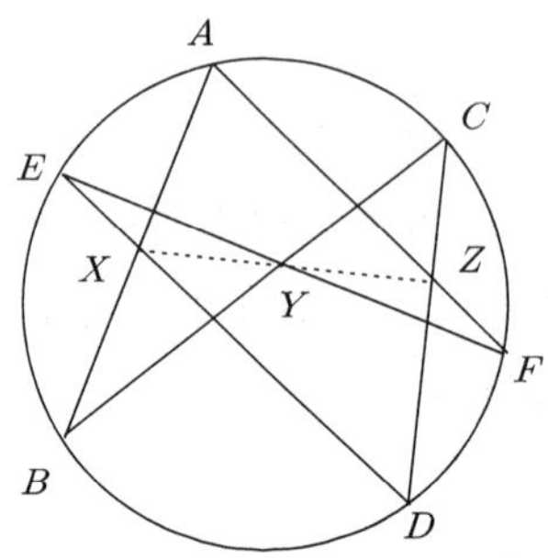

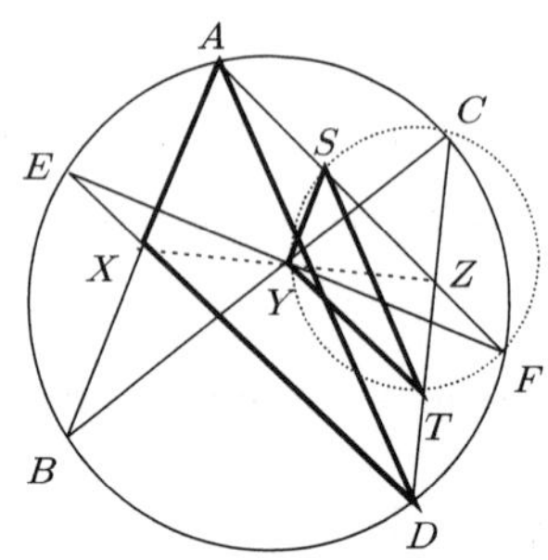

여기에서는 원의 경우에 대해서만 증명하려고 한다. 왜냐하면, 원에 그린 파스칼의 정리의 그림을 사영하면 원은 원뿔곡선이 되고, 직선은 여전히 직선이며, 만나는 직선들은 여전히 만나기 때문이다.

이제 삼각형 CYF의 외접원이 두 직선 AF, CD와 각각 S, T에서 만난다고 하자. 그러면

$$\angle XAD = \angle BCD = \angle YST$$
$$\angle XDA = \angle EFA = \angle YTS$$

이다. 따라서 $\triangle AXD \backsim \triangle SYT$이고, $\angle TSF = \angle DCF = \angle DAF$이므로 $\overleftrightarrow{ST} // \overleftrightarrow{AD}$이다.

따라서 삼각형 AXD와 삼각형 SYT에는 평행한 변들이 있어 두 삼각형에는 닮음의 중심이 있다.

두 직선 AS와 DT의 교점은 Z이고, 세 직선 AS, XY, DT는 닮음의 중심인 한 점에서 만나므로 직선 XY는 Z를 지난다.

제 3 장 히파티아의 신비로운 수학

3.1 한 평면 위의 세 점 P, Q, R이 모두 한 직선 위에 있지 않다고 하자. 그러면 그림 3.20과 같이 세 점을 지나는 원이 있다. 이 명제가 옳음을 보이는 방법은 여러 가지 있다.

(a) 일반적으로 원의 방정식은 다음과 같다.

$$x^2 + ax + y^2 + by = c$$

원의 방정식에는 결정되지 않은 상수가 3개 있다. 원이 세 점 $P=(p_1,\ p_2)$, $Q=(q_1,\ q_2)$, $R=(r_1,\ r_2)$을 지난다(세 점의 좌표가 방정식을 만족시킨다)는 사실로부터 얻은 세 가지 정보가 세 상수를 결정한다. 이 사실을 이용하여 세 점 $(1,\ 2)$, $(2,\ 3)$, $(4,\ 9)$를 지나는 원을 찾아라.

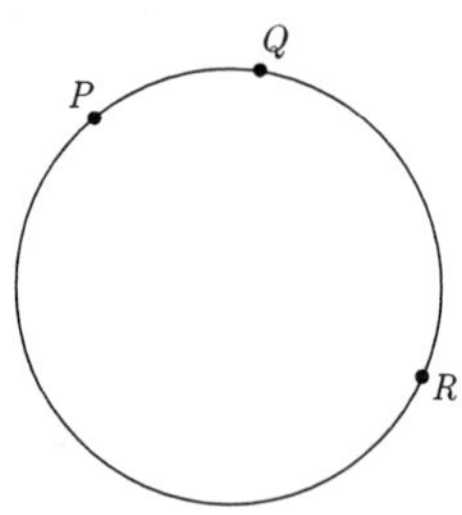

그림 3.20 _ 세 점을 지나는 원

(b) 선분 PQ의 수직이등분선은 두 점 P, Q로부터 같은 거리에 있는 모든 점들의 집합이다. 또 선분 QR의 수직이등분선도 두 점 Q, R로부터 같은 거리에 있는 모든 점들의 집합이다. 두 직선이 한 점 C에서 만난다면 이 교점 C는 세 점 P, Q, R로부터 같은 거리에 있는 유일한 점이고 이 점이 원의 중심이 되고(그림 3.21), 점 C에서 P까지의 거리가 반지름이다. 이 사실을 이용하여 세 점 $(1,\ 0)$, $(0,\ 1)$, $(1,\ 1)$을 지나는 원을 찾아라.

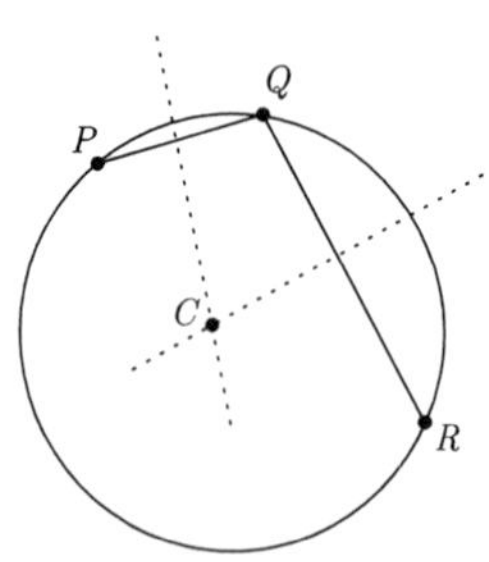

그림 3.21 _ 원의 중심

풀이

(a) 방정식 $x^2+ax+y^2+by=c$에 세 점 (1, 2), (2, 3), (4, 9)의 좌표를 대입하면

$$\begin{cases} 1+a+4+2b=c \\ 4+2a+9+3b=c \\ 16+4a+81+9b=c \end{cases}$$

위 세 식을 연립하여 풀면$a=9$, $b=-17$, $c=-20$이므로 구하는 원의 방정식은 $x^2+9x+y^2+17=-20$이다.

(b) 두 점 (1, 0), (1, 1)을 지나는 선분의 수직이등분선은 $y=\frac{1}{2}$, 두 점 (0, 1), (1, 1)을 지나는 선분의 수직이등분선은 $x=\frac{1}{2}$이다. 두 수직이등분선의 교점은 $\left(\frac{1}{2}, \frac{1}{2}\right)$이므로 원의 중심은 $\left(\frac{1}{2}, \frac{1}{2}\right)$이다. 이 점으로부터 원 위의 점 (1, 0)까지의 거리는 $\frac{1}{\sqrt{2}}$이므로 반지름의 길이는 $\frac{1}{\sqrt{2}}$이다. 따라서 구하는 원은 $\left(x-\frac{1}{2}\right)^2+\left(y-\frac{1}{2}\right)^2=\frac{1}{2}$이다.

3.2 아래 그림의 포물선은 $y=x^2$이다. 위에서 똑바로 내려오는 빛은 포물선에 부딪힌 후 초점 $\left(0, \frac{1}{4}\right)$을 지나게 된다(포물선의 준선은 $y=-\frac{1}{4}$이다). 이것이 사실임을 밝혀라. 반사되는 빛의 경로를 어떻게 알 수 있는가? 포물선에 부딪히는 점에서 접선을 생각해보아라. 접선은 이 문제와 어떤 관련이 있는가?

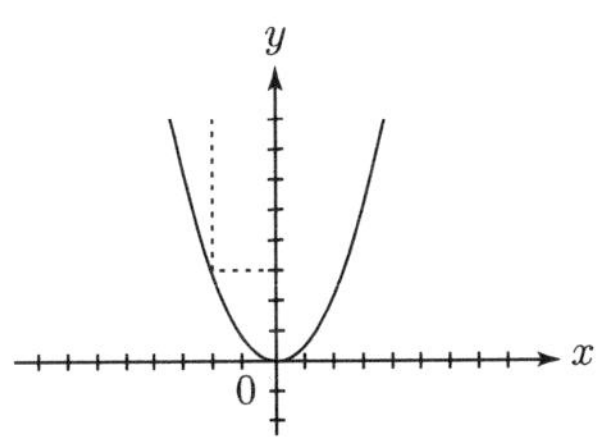

그림 3.22 _ 반사거울로서의 포물선

풀이

빛은 입사각과 반사각이 같도록 반사된다는 원리로부터 반사되는 빛의 경로

를 구할 수 있다. $y' = 2x$이므로 점 $\mathrm{P}(p,\ p^2)$에서의 접선의 방정식은 $y - p^2 = 2p(x-p)$, $y = 2px - p^2$이다.

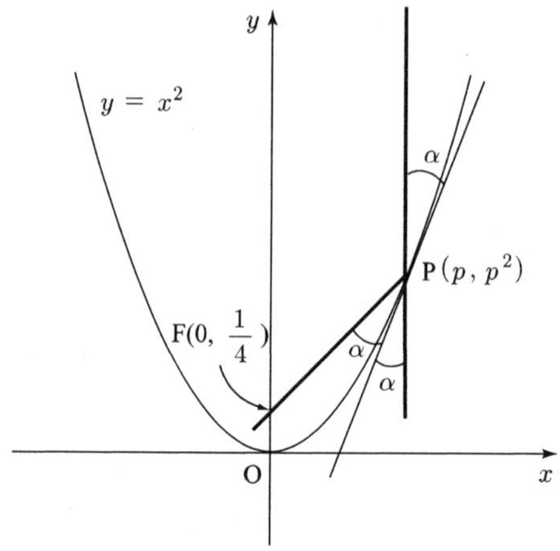

$\tan(90° - \alpha) = 2p$이므로 $\tan\alpha = \dfrac{1}{2p}$, $\tan 2\alpha = \dfrac{2 \cdot 1/2p}{1 - 1/4p^2} = \dfrac{4p}{4p^2-1}$이고, $\tan(90° - 2\alpha) = \dfrac{4p^2-1}{4p}$이므로 포물선에 부딪힌 후 반사되는 직선의 식은 $y - p^2 = \dfrac{4p^2-1}{4p}(x-p)$이다.

이 직선에 점 $x=0$을 대입하면 $y - p^2 = \dfrac{4p^2-1}{4p}(0-p)$, $y = \dfrac{1}{4}$로 반사되는 빛은 점 $\left(0,\ \dfrac{1}{4}\right)$을 지난다.

이 문제에서 접선은 입사각과 반사각을 결정하는 반사면 역할을 한다.

3.3 양수 c에 대하여 평면의 두 점 $F_1 = (-c,\ 0)$, $F_2 = (c,\ 0)$에 못이 박혀 있고 길이가 $2a$인 폐곡선 모양의 줄이 있다($2a > 2c$). 이 줄을 못에 걸쳐 연필로 팽팽하게 유지한 채 연필을 한 바퀴 돌리자(그림 3.23). 그려진 곡선은 타원이다. 두 개의 압정과 줄, 그리고 연필로 직접 해보자. 이 곡선이 타원인 이유를 설명하여라. 이 타원의 장축의 길이는 얼마인가? 단축의 길이는 얼마인가?

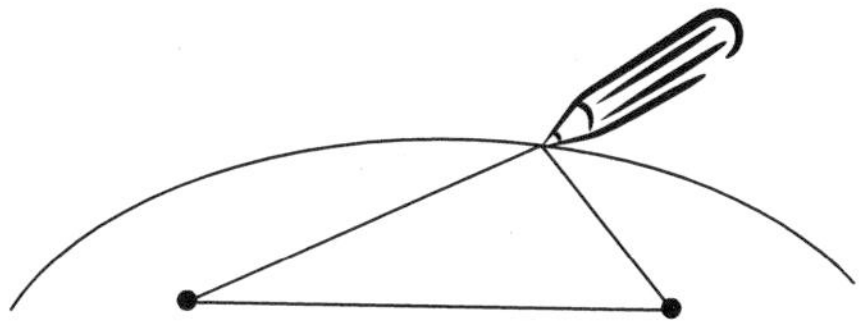

그림 3.23 _ 타원 그리기

풀이

연필이 있는 곳을 점 $P(x, y)$라고 하면 세 변 PF', $F'F$, PF의 길이의 합이 $2a$이므로 두 선분 PF', PF의 길이의 합은 $2a-2c$이다. 이 길이의 합이 일정하므로 점 P의 자취는 타원이다. 장축의 길이는 $a-c$, 단축의 길이는 $\sqrt{(a-c)^2-c^2}=\sqrt{a^2-2c}$ 이다.

3.4 $\{p_1, p_2, p_3, \cdots\}$는 평면에서 무한히 많은 점들의 모임이다. 두 점 사이의 거리는 정수라고 하자(일반적으로 서로 다른 점을 택하면 거리가 서로 다르다고 하자). 모든 점들이 한 직선 위에 있다는 주장에 대하여 토론하여라. [도움말 : 이 결과는 쌍곡선과 관계있다!]

풀이

두 점 사이의 거리가 정수인 점들의 집합 S가 있다고 하자. 집합 S에는 한 직선 위에 있지 않은 세 점 A, B, C가 있다. 이제 어느 두 점을 선택해도 두 점 사이의 거리가 모두 정수 d 이하라고 하자.

이 집합에 또 다른 점 X가 속한다고 하자. 그러면 $0 \le |\overline{\mathrm{AX}} - \overline{\mathrm{BX}}| < \overline{\mathrm{AB}} \le d$이므로 점 X는 선분 AB의 수직이등분선 위에 있든지 두 점 A, B를 초점으로 하고 거리의 차가 1 이상 d 이하의 정수인 쌍곡선 위에 있다. 즉, 점 X는 직선 또는 A, B를 초점으로 하는 d개의 쌍곡선 중의 하나 위에 있다. 마찬가지로 $0 \le |\overline{\mathrm{BX}} - \overline{\mathrm{CX}}| < \overline{\mathrm{BC}} \le d$이므로 점 X는 선분 BC의 수직이등분선 위에 있든지 두 점 B, C를 초점으로 하고 거리의 차가 1 이상 d 이하의 정수인 쌍곡선 위에 있다. 즉, 점 X는 직선 또는 B, C를 초점으로 하는 d개의 쌍곡선 중의 하나 위에 있다.

두 쌍곡선은 최대 4개의 점에서 만날 수 있으므로 위 조건을 만족하는 점

X는 최대 $4(d+1)^2$개 있다. 따라서 집합 S의 원소가 무한개라면 이 점들은 한 직선 위에 있어야 한다(Erdős–Anning theorem).

3.5 평면 위의 두 점을 지나는 포물선은 유일하게 결정되지 않는다. 왜 그런지 예를 들어 설명하여라. 그러나 평면 위의 세 점은 포물선을 유일하게 결정한다. 왜 그런지 설명하여라. [도움말 : 문제 1(a)를 이용하라.] 타원이나 쌍곡선의 경우는 어떻게 말할 수 있는가? 타원의 이심률에 대해서 설명하여라.

풀이

초점이 $(p,\ 0)$이고 준선이 $x=-p$인 포물선을 $x,\ y$축의 방향으로 각각 $a,\ b$만큼 평행이동시킨 포물선의 식은 $y^2-b=4p(x-a)$이다. 여기에 두 점의 좌표를 대입하면 $p,\ a,\ b$가 유일하게 결정되지 않는다. 따라서 두 점을 지나는 포물선은 유일하게 결정되지 않는다. 그러나 세 점의 좌표를 대입하면 $p,\ a,\ b$가 유일하게 결정되어 세 점을 지나는 포물선은 유일하다. 초점이 $(\pm c,\ 0)$이고 거리의 합(차)이 $2a$인 타원(쌍곡선)을 $x,\ y$축의 방향으로 각각 $p,\ q$만큼 평행이동시킨 타원(쌍곡선)의 식은 $\dfrac{(x-p)^2}{a^2}\pm\dfrac{(y-q)^2}{(a-c)^2}=1$이다. 따라서 세 점이 아니라 네 점이 주어져야 타원, 쌍곡선의 식은 유일하게 결정된다.

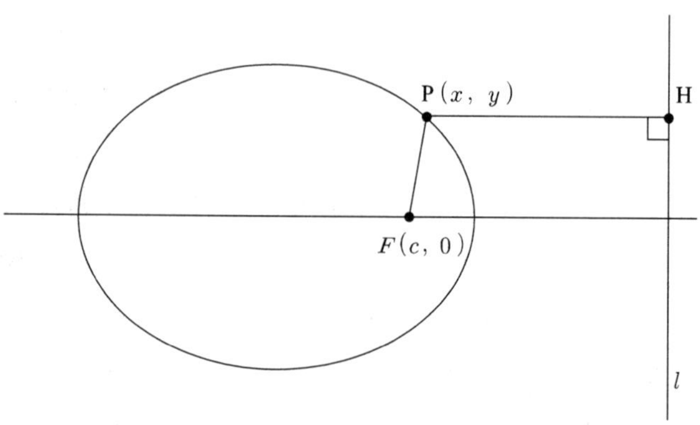

점 F과 점 F를 포함하지 않는 직선 l, 그리고 음이 아닌 실수 e로 원뿔곡선을 모두 정의할 수 있다. 이때 점 F를 초점, 직선 l을 준선, 음이 아닌 실

수 e를 이심률이라고 한다.

좌표평면 위에 정점 $F(c,\ 0)(c>0)$이 있다. 임의의 점 P에서 y축에 내린 수선을 발을 H라 하자, 상수 $e>0$에 대하여 $\overline{PF}=e\overline{PH}$이면 점 P의 자취는 e의 값에 따라 원뿔곡선 중의 한 개가 된다.

점 P의 좌표를 $(x,\ y)$라고 하면 $\overline{PF}=e\overline{PH}$이므로

$$(x-c)^2+y^2=e^2x^2$$

따라서 $(1-e^2)x^2-2cx+c^2+y^2=0$이다.

이때, $0<e<1$이면 x^2의 계수와 y^2의 계수가 모두 양수이지만 서로 다르므로 타원이 된다. 이때, 타원의 식은 $(1-e^2)x^2-2cx+c^2+y^2=0$에서

$$\frac{\left(x-\dfrac{c}{1-e^2}\right)^2}{c^2e^2/(1-e^2)^2}+\frac{y^2}{c^2e^2/(1-e^2)}=1$$

이다. 이제 타원의 장축의 길이를 $2a$라고 하면 $a^2=\dfrac{c^2e^2}{(1-e^2)^2}$, $a^2-c^2=\dfrac{c^2e^2}{1-e^2}$이므로 연립하면

$$a^2(1-e^2)^2=(a^2-c^2)(1-e^2)$$

식을 정리하면 $e=\dfrac{c}{a}$가 된다.

3.6 직선 $ax+by+c=0$이 평면 위에 있다. 점 $P=(p_1,\ p_2)$는 이 직선 위의 점이 아니다. 점 P에서 직선 l까지의 거리가

$$d=\frac{|ap_1+bp_2+c|}{\sqrt{a^2+b^2}}$$

임을 보여라. 이 문제에 대하여 토론하여라. 한 점에서 직선까지의 거리는 어떻게 결정하는가? 이것을 작도할 수 있는가?

풀이

한 점에서 직선까지의 거리는 그 점에서 직선에 내린 수선의 발까지의 거리로 정한다. 직선 $ax+by+c=0$의 기울기는 $-\frac{a}{b}$이므로 이 직선에 수직인 직선의 기울기는 $\frac{b}{a}$이다. 따라서 점 $\mathrm{P}(p_1,\ p_2)$를 지나고 주어진 직선 $ax+by+c=0$에 수직인 직선의 방정식은 $y-p_2=\frac{b}{a}(x-p_1)$, 즉 $bx-ay+ap_2-bp_1=0$이다. 두 직선 $ax+by+c=0$와 $bx-ay+ap_2-bp_1=0$의 교점과 점 P와의 거리를 구하면 $d=\frac{|ap_1+bp_2+c|}{\sqrt{a^2+b^2}}$이다.

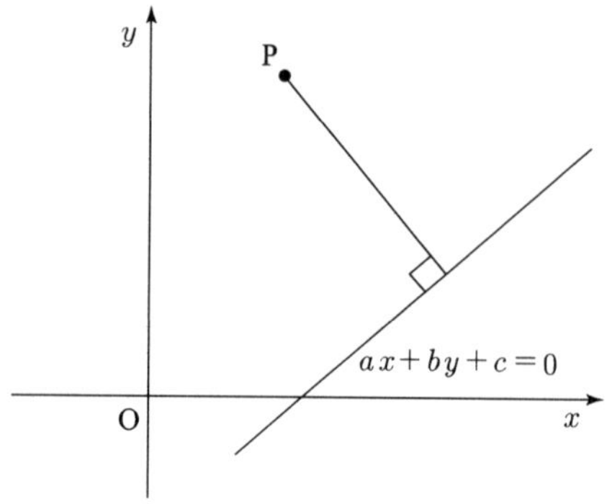

점 P에서 직선 $ax+by+c=0$까지의 거리는 작도할 수 있다. 점 P를 중심으로 하여 직선 $ax+by+c=0$과 만나는 원을 그려 원과 직선과의 교점 2개를 구한다. 그리고 그 교점을 각각 중심으로 하는 반지름의 길이가 같은 원을 그려 교점을 이으면 점 P를 지나고 직선 $ax+by+c=0$에 수직인 선을 그을 수 있다. 이때 점 P에서 수선과 직선 $ax+by+c=0$과의 교점까지의 거리가 구하는 거리이다.

3.7 포물선 $y=x^2$과 원 $x^2+y^2=r^2$이 있다. 포물선과 원이 서로 수직으로 만나는 $r>0$이 있는가? [미적분을 이용하지 말고 답을 구하여라.]

풀이

포물선 $y=x^2$과 원 $x^2+y^2=r^2$ $(r>0)$은 두 점에서 만난다. 그 교점의 x좌표는 $x^4+x^2-r^2=0$에서 $x^2=\frac{-1+\sqrt{1+4r^2}}{2}$이고 $x=\pm\sqrt{\frac{-1+\sqrt{1+4r^2}}{2}}$이다. 즉, 교점은

$$\left(-\sqrt{\frac{-1+\sqrt{1+4r^2}}{2}},\ \frac{-1+\sqrt{1+4r^2}}{2}\right),$$
$$\left(\sqrt{\frac{-1+\sqrt{1+4r^2}}{2}},\ \frac{-1+\sqrt{1+4r^2}}{2}\right)$$

이다. 교점의 y좌표는 r이 한없이 커질 때 y도 한없이 커진다. 즉, $r\to\infty$ 일 때, $y\to\infty$ 이다. 그림과 같이 교점 P에서 원과 포물선의 접선이 x축과 시계반대방향으로 이루는 각을 각각 α, β라 하자. 만약 $\angle QPR=\alpha-\beta=\frac{\pi}{2}$라 가정하면,

$$\tan\frac{\pi}{2}=\tan(\alpha-\beta)=\frac{\tan\alpha-\tan\beta}{1+\tan\alpha\tan\beta}=\frac{-\frac{y}{\overline{HR}}-\frac{y}{\overline{QH}}}{1-\frac{y}{\overline{HR}}\frac{y}{\overline{QH}}}=\frac{-y(\overline{HR}+\overline{QH})}{\overline{HR}\,\overline{QH}-y^2}$$

이 성립한다. $r\to\infty$ 일 때, 좌변은 항상 ∞ 이지만 우변은 0이다. 이는 모순이다. 따라서 $\alpha-\beta\neq\frac{\pi}{2}$이다.

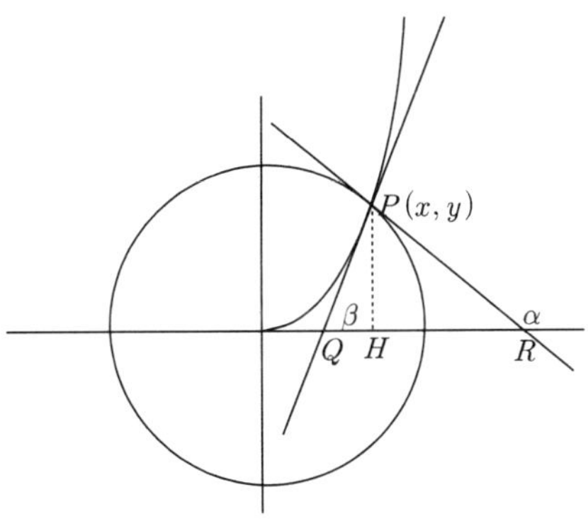

즉, 포물선과 원은 $r>0$에 관계없이 수직으로 만나지 않는다.

3.8 포물선 $y=x^2$과 쌍곡선 $x^2-y^2=1$에 대하여 문제 7번과 같은 물음에 답하여라.

풀이

포물선 $y=x^2$과 쌍곡선 $x^2-y^2=1$은 서로 만나지 않는다. 왜냐하면, 방정

식 $x^4 - x^2 + 1 = 0$은 실근을 갖지 않기 때문이다. 따라서 포물선 $y = x^2$과 쌍곡선 $x^2 - y^2 = 1$은 수직으로 만나지 않는다.

3.9 점 $(1,\ 1)$에서의 곡선 $y = x^2$에 대한 접선이란 무엇인가? 이 접선은 어떤 성질을 갖는가? 이 선을 어떻게 결정할 수 있는가?

풀이

점 $(1,\ 1)$에서 곡선에 가장 근사한 직선이다. 즉, 점 $(1,\ 1)$ 근방에서 곡선을 대신 할 수 있는 직선이다. 이 접선은 점 $(1,\ 1)$을 지나는 임의의 직선과 곡선 $y = x^2$을 연립한 이차방정식이 중근을 갖는다는 조건으로 구할 수 있다.

3.10 원뿔곡선 $x^2 - 2x - 3y^2 + 6y = 10$의 그래프를 그려라. 어떤 원뿔곡선인가? 어떻게 알 수 있는가?

풀이

식을 정리하면 $\dfrac{(x-1)^2}{8} - \dfrac{(y-1)^2}{8/3} = 1$이므로 초점은 $\left(\pm\sqrt{\dfrac{32}{3}},\ 0\right)$이고 두 점의 거리의 차는 $4\sqrt{2}$인 좌우로 벌어진 쌍곡선이다.

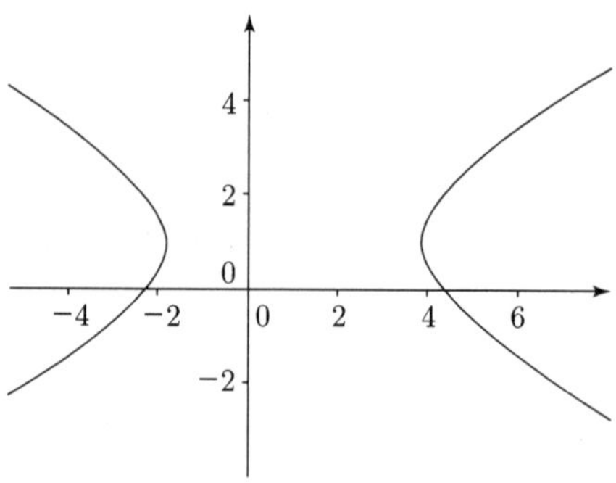

$x^2 - 2x - 3y^2 + 6y = 10$

3.11 원뿔곡선 $x^2+4x-y=15$의 그래프를 그려라. 어떤 원뿔곡선인가? 어떻게 알 수 있는가?

풀이

식을 정리하면 $(x+2)^2=y+19$이므로 초점이 $(0,\ 1/4)$이고 준선이 $y=-1/4$인 포물선을 x축 방향으로 -2, y축 방향으로 -19만큼 평행이동한 포물선이다.

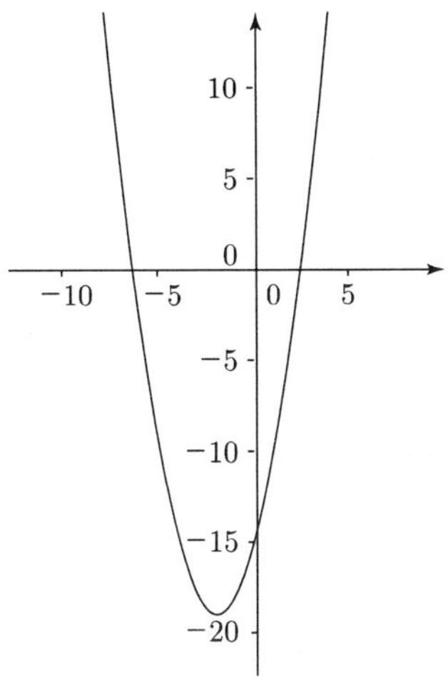

$x^2-4x-y=15$

3.12 원뿔곡선 $4x^2-8x+8y^2+32y=64$의 그래프를 그려라. 어떤 원뿔곡선인가? 어떻게 알 수 있는가?

풀이

식을 정리하면 $4(x-1)^2+8(y+2)^2=100$, 즉 $\dfrac{(x-1)^2}{25}+\dfrac{(y+2)^2}{25/2}=1$이므로 초점이 $\left(\pm\dfrac{5}{\sqrt{2}},\ 0\right)$이고 거리의 합이 10인 타원을 x축의 방향으로 1, y축의 방향으로 -2만큼 평행이동한 타원이다.

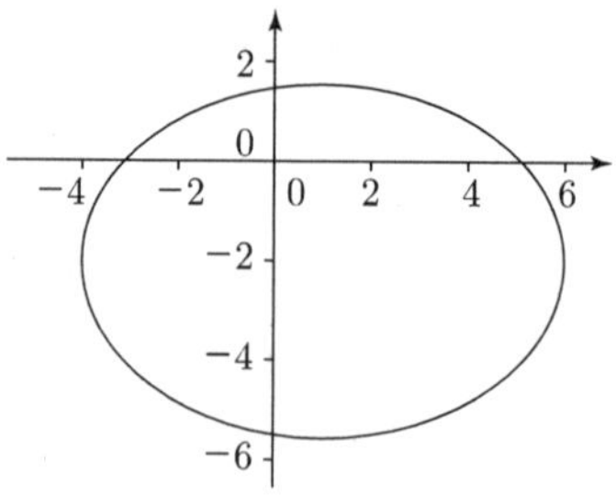

3.13 타원 $x^2+4y^2=4$ 모양의 당구대가 있다. 당구공을 당구대 위에 놓고 벽에서 반사되도록 쳐보자. 공의 경로에 대하여 설명하여라. 공의 경로는 무엇에 의해 달라지는가?

풀이

먼저 상황을 간단히 하기 위하여 공을 x축 위에 놓는 경우로 제한하자. 공이 타원의 초점에 놓여 있으면 벽에 부딪힌 후 또 다른 초점을 지나게 된다. 마찰이 없다면 이 과정을 계속 반복한다. 공이 두 초점 사이에 놓여 있으면 벽에 부딪힌 후 쌍곡선을 그리게 된다. 마지막으로 공이 초점과 타원 사이에 놓여 있으면 작은 타원을 그리면서 돌게 된다.

이제 공이 x축 바깥에 있는 경우에도 공이 위 세 가지 경우의 각 궤적 위에서 출발하게 되면 각 경우마다의 궤적을 따라간다.

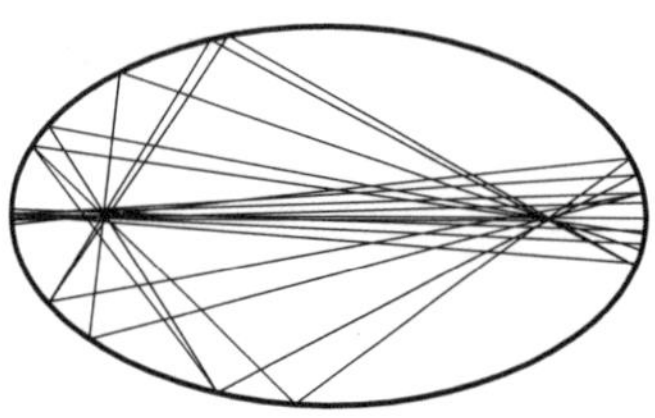

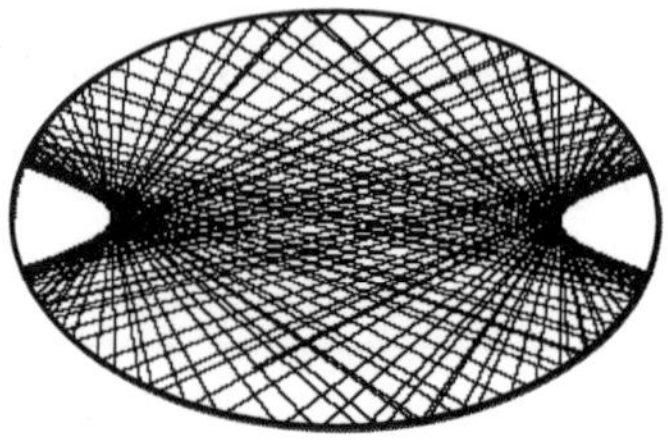

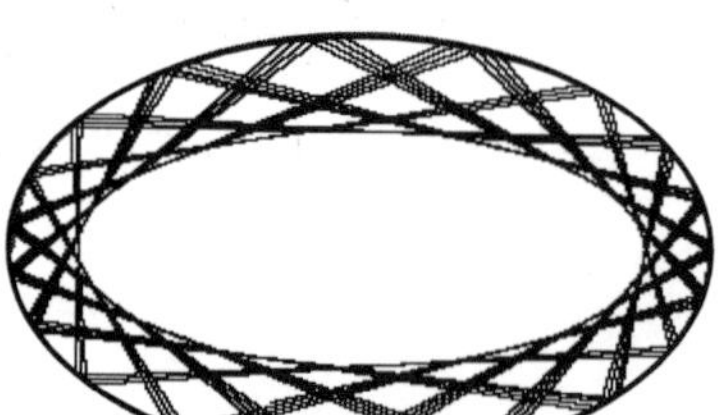

3.14 과제 다음 변환은 평면에서 시계반대방향으로 $\frac{\pi}{4}$만큼의 회전변환을 나타낸다.

$$x \mapsto \frac{\sqrt{2}}{2}x - \frac{\sqrt{2}}{2}y,$$
$$y \mapsto \frac{\sqrt{2}}{2}x + \frac{\sqrt{2}}{2}y$$

그 이유를 설명하여라. 이 문제를 토론하여라.

(a) 일반적으로, 아래 변환은 평면에서 시계반대방향으로 θ만큼의 회전변환을 나타낸다. 그 이유를 설명하여라.

$$x \mapsto [\cos\theta]x - [\sin\theta]y,$$
$$y \mapsto [\sin\theta]x + [\cos\theta]y$$

(b) 앞에서 알아본 바와 같이 원뿔곡선을 나타내는 이차방정식이 두 개의 변수의 변화로 나타내어신다면, 방정식은

$$Ax^2 + Bxy + Cy^2 + Dx + Ey + F = 0 \qquad (\bigstar)$$

이다. 계산을 하고 그 결과를 보라.

(c) 이제, (★)과 같은 꼴의 식이 있다고 하자. 이것이 타원인지, 포물선인지, 쌍곡선인지 어떻게 알 수 있는가? 이 장에서 배운 것을 적용하지 마라. 예를 들어, 식

$$x^2 + 2xy + y^2 + 1 = 0$$

은 포물선이다. 이 식이 어떤 곡선인지 어떻게 알 수 있는가? 실험도 하고 가설을 만들 수 있는지 알아보아라.

풀이

[1] 좌표평면 위의 임의의 점 $P(x, y)$를 원점을 중심으로 각 θ만큼 회전하여 점 $P'(x', y')$으로 옮기는 변환에 대하여 알아보자.

오른쪽 그림과 같이 점 $Q(x,\ 0)$, $R(0,\ y)$가 원점을 중심으로 각 θ만큼 회전한 점을 각각 Q', R'이라고 하면

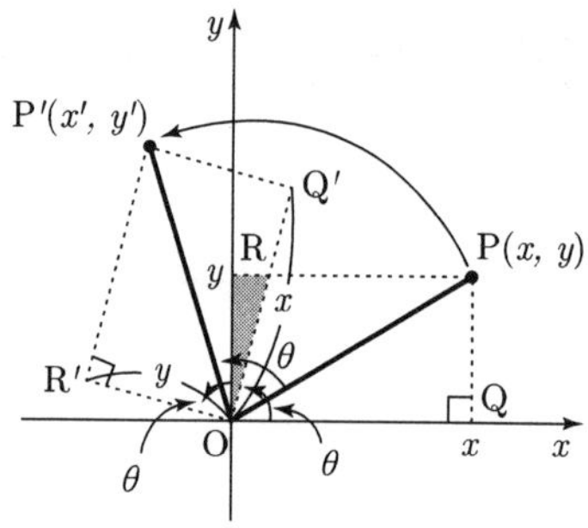

$Q'(x\cos\theta,\ x\sin\theta)$

$R'\left(y\cos\left(\dfrac{\pi}{2}+\theta\right),\ y\sin\left(\dfrac{\pi}{2}+\theta\right)\right)$,

즉 $R'(-y\sin\theta,\ y\cos\theta)$. 이때, 사각형 $P'R'OQ'$에서 두 대각선 $\overline{P'O}$, $\overline{R'Q'}$의 중점이 일치하므로

$$\frac{x'}{2}=\frac{x\cos\theta-y\sin\theta}{2},\quad \frac{y'}{2}=\frac{x\sin\theta+y\cos\theta}{2}$$

따라서 $\begin{cases}x'=x\cos\theta-y\sin\theta\\ y'=x\sin\theta+y\cos\theta\end{cases}$인 관계식이 성립한다.

[2] 본문에서 포물선은 $y-b=c(x-a)^2$, 타원과 쌍곡선은 $\dfrac{(x-c_1)^2}{a^2}\pm\dfrac{(y-c_2)^2}{b^2}=1$로 표현됨을 알았다. 이것을 정리하면 $Ax^2+Cy^2+Dx+Ey+F=0$의 꼴이 된다. 이 원뿔곡선을 시계반대방향으로 θ만큼 회전시키면

$$\begin{cases}x'=x\cos\theta-y\sin\theta\\ y'=x\sin\theta+y\cos\theta\end{cases}$$

의 관계가 성립한다. 이것을 다시 x, y에 관한 식으로 풀면

$$x=x'\cos\theta-y'\sin\theta,\ y=x'\sin\theta+y'\cos\theta$$

이다. 이것을 원래의 식에 넣어 정리하면 $A'x^2+B'xy+C'y^2+D'x+E'y+F'=0$의 꼴을 얻게 된다. 이때, 계수 사이의 관계는 다음과 같다.

$$A'=A\cos^2\theta+B\cos\theta\sin\theta+C\sin^2\theta$$
$$C'=A\sin^2\theta-B\cos\theta\sin\theta+C\cos^2\theta$$
$$D'=D\cos\theta+E\sin\theta$$

$$E' = -D\sin\theta + E\cos\theta$$
$$F' = F$$

[3] 좌표평면에서의 점 $P(x, y)$가 θ만큼 회전된 이후의 식을

$$Ax^2 + Bxy + Cy^2 + Dx + Ey + F = 0$$

이라고 하면 xy의 계수는

$$\begin{aligned} &2(C-A)\sin\theta\cos\theta + B(\cos^2\theta - \sin^2\theta) \\ &= (C-A)\sin 2\theta + B\cos 2\theta \\ &= B(\sin 2\theta)\left(\frac{C-A}{B} + \cot 2\theta\right) = 0,\ \sin 2\theta \neq 0 \end{aligned}$$

이다. 만약 $B \neq 0$이면 xy의 계수가 0이 되려면 $\cot 2\theta = \frac{A-C}{B}$, $B \neq 0$이어야 한다.

따라서 $\cot 2\theta = \frac{A-C}{B}$로부터 회전각 θ를 구하여 회전이 일어나기 전의 식을 만든 후, $y-b = c(x-a)^2$, $\frac{(x-c_1)^2}{a^2} \pm \frac{(y-c_2)^2}{b^2} = 1$의 꼴로 정리하여 어떤 이차곡선인지 판단한다.

또 하나의 방법은 회전이 일어난 식을 y에 대한 이차방정식으로 생각하여

$$y = \frac{-(Bx+E) \pm \sqrt{(Bx+E)^2 - 4C(Ax^2 + Dx + F)}}{2C}$$

의 그래프를 그리는 것이다.

3.15 과제 문제 14와 관련이 있다. (★)꼴의 식이 어떤 곡선을 나타내는지 알아보는 방법이 있다. 방정식 (★)의 판별식을 다음과 같이 정의한다.

$$D = B^2 - 4AC$$

$D = 0$이면 방정식은 포물선을 나타내고, $D < 0$이면 타원을 나타내고, $D > 0$이면 쌍곡선을 나타낸다. 잘 알고 있는 원뿔곡선의 방정식에 대해 이 주장이 타당

한지 알아보아라. 이제 방정식 중의 하나를 문제 14에서와 같이 회전시키고 다시 조사해보아라. 아마도 같은 답을 얻을 것이다(회전시키더라도 원뿔곡선의 근본적인 성질은 변하지 않으므로).

풀이

이차곡선 $Ax^2+Bxy+Cy^2+Dx+Ey+F=0$을 θ만큼 회전이동시켜 얻은 새로운 식을 $A'(x')^2+C'(y')^2+D'x'+E'y'+F'=0$이라고 하면

$$F=F'$$
$$A+C=A'+C'$$
$$B^2-4AC=(B')^2-4A'C'$$

이 성립한다. 이때, $B'=0$이므로 $B^2-4AC=-4A'C'$이다. 이로부터 식 B^2-4AC의 양음을 판단할 수 있으면 식 $A'(x')^2+C'(y')^2+D'x'+E'y'+F'=0$에서의 x^2과 y^2의 계수의 부호관계를 알 수 있어 어떤 이차곡선인지 판단할 수 있다. 즉, $B^2-4AC<0$이면 타원, $B^2-4AC=0$이면 포물선, $B^2-4AC>0$이면 쌍곡선이다.

3.16 과제 문제 14와 15에 관련이 있다. 방정식

$$x^2+xy+y^2+x+y-1=0$$

에 대하여 알아보자. 이것이 나타내는 원뿔곡선은 어떤 것인가? 그래프를 그려라. $+xy$가 $-xy$로 바뀌면 곡선은 어떻게 변하는가? 새로운 그래프를 그려라.

풀이

$B^2-4AC<0$이므로 타원이다. $\cot 2\theta=\dfrac{A-C}{B}=0$에서 $\theta=\dfrac{\pi}{4}$이므로 $x=\dfrac{x'-y'}{\sqrt{2}}$, $y=\dfrac{x'+y'}{\sqrt{2}}$를 대입하면 $3x^2+y^2+2\sqrt{2}x-2=0$, xy가 $-xy$로 바뀌면 식은 $x^2+3y^2+2\sqrt{2}x-2=0$로 된다.

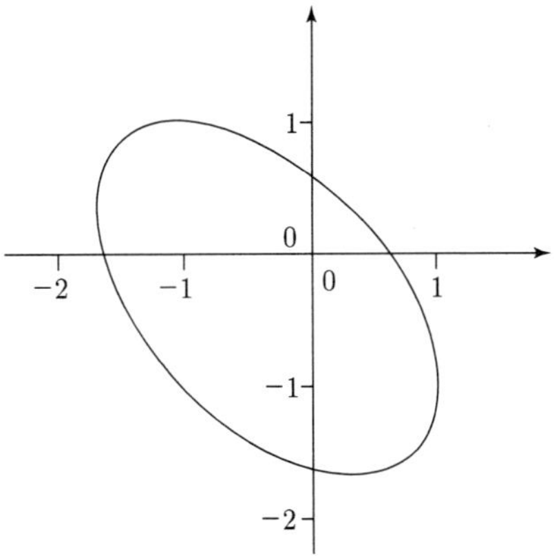

$x^2+xy+y^2+x+y-1=0$

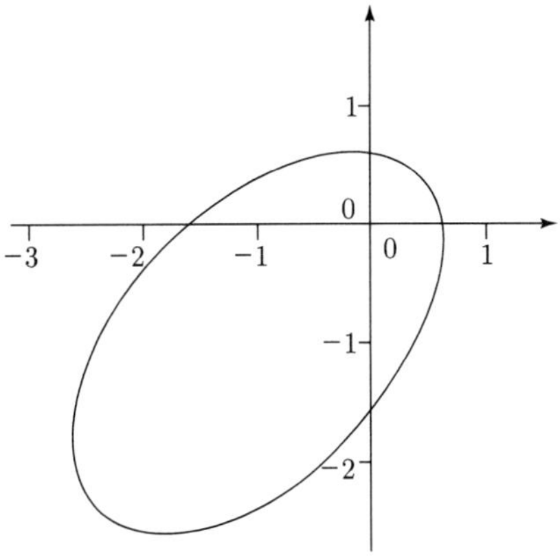

$x^2-xy+y^2+x+y-1=0$

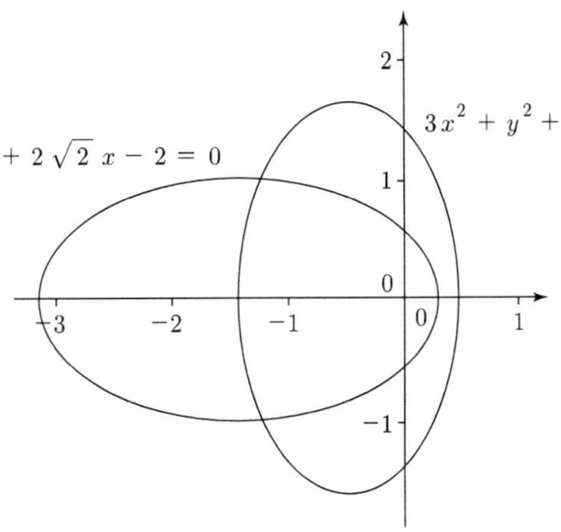

제 4 장 이슬람교 세계와 대수의 발달

4.1 예제 4.1의 방법을 이용하여 이차방정식 $x^2+x-2=0$을 풀어라. 두 근을 모두 구하였는가? 아니면 양수 근만을 구하였는가?

풀이

알콰리즈미의 방법에 따르면 아래 그림과 같이 가운데 있는 한 변의 길이가 x인 정사각형과 정사각형 변의 주위의 4개의 직사각형(가로가 $1/4=0.25$, 세로가 x)의 넓이의 합 x^2+x가 2이다. 구석에 4개의 정사각형을 만들면 큰 정사각형의 넓이는

$$2+4(1/4)^2=2.25=(1.5)^2$$

이다. 즉 큰 정사각형의 한 변의 길이는 1.5이다. 따라서 $x=1.5-0.5=1$ 이다. 양수 근만을 구할 수 있다. 참고로, 근의 공식을 이용하면

$$x=\frac{-1\pm\sqrt{1+8}}{2}=\frac{-1\pm 3}{2}=\begin{cases}1\\-2\end{cases}$$ 이다.

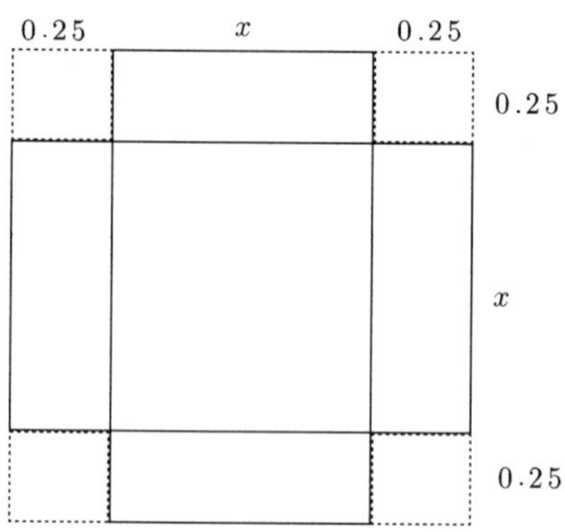

4.2 이차방정식 $x^2+x+4=0$을 풀기 위해 예제 4.1의 방법을 이용한다면 어떤 문제가 생기겠는가? [참고 : 이 이차방정식은 복소수 근을 갖는다.]

풀이

첫째, x를 정사각형의 변의 길이로 생각했으므로 이차항과 일차항의 합이 $x^2+x=-4$와 같이 음수가 되면 안 된다. 둘째, 큰 정사각형의 넓이 -4

$+4(1/4)^2=-\frac{15}{4}$가 음수이기 때문에 알콰리즈미의 방법을 적용할 수 없다.

4.3 이차방정식 $x^2+3x+2=0$을 풀기 위해 예제 4.1의 방법을 이용한다면 어떤 문제가 생기겠는가?

풀이

첫째, x를 정사각형의 변의 길이로 생각했으므로 이차항과 일차항의 합이 $x^2+x=-2$와 같이 음수가 되면 안 된다. 둘째, 큰 정사각형의 넓이 $-2+4(3/4)^2=0.25=(0.5)^2$가 양수이기 때문에 큰 정사각형의 한 변의 길이는 0.5이다. 따라서 $x=0.5-2(3/4)=-1$이다. 당시에는 음수를 사용하지 않았다.

4.4 예제 4.2의 알콰리즈미의 해답과 현대식 해답이 같은 이유를 설명하여라.

풀이

알콰리즈미 시대에는 빚을 진 사람의 유산이 빚보다 적으면 그 차액은 탕감되었다. 이 말은 아버지에게 빚을 진 아들이 받을 유산이 x이고 x가 10보다 작으면 아버지가 남긴 유산은 20이 아니라 20보다 작은 $10+x$가 된다는 뜻이다.

이제 친구에게 $10+x$의 1/5과 1을 주면 남는 것은

$$(10+x)-\frac{1}{5}(10+x)-1=7+\frac{4}{5}x$$

이다. 따라서 각각의 아들은 $3.5+\frac{2}{5}x$를 받을 수 있다. 그런데 바로 이것이 빚을 진 아들의 유산과 같으므로 $3.5=\frac{3}{5}x$가 된다. 여기서 x를 구하면 $x=5+\frac{5}{6}$로 알콰리즈미의 풀이는 현대식 풀이와 일치한다.

한편, 이 풀이를 해석하면 다음과 같다.

빚을 진 아들은 빚인 10디르헴보다 유산 $5+\frac{5}{6}$디르헴이 더 많으므로 그 차액인 $4+\frac{1}{6}$디르헴을 탕감받게 된다.
따라서 아버지의 유산은 실제로는 20디르헴이 아니라 $20-\left(4+\frac{1}{6}\right)=15+\frac{5}{6}$디르헴이고, 친구의 몫도 5가 아니라 $\frac{1}{5}(10+x)+1=\frac{1}{5}\left(10+5+\frac{5}{6}\right)+1=4+\frac{1}{6}$이 된다.

4.5 다음에 주어진 알콰리즈미의 대수 문제를 해결하여라.

한 남자는 만년에 병에 걸린 채 결혼했다. 그의 전 재산 100디르헴을 결혼 정착금으로 지불했는데 그 중 10디르헴은 신부를 위한 지참금이었다. 그러나 부인이 (부인) 재산의 1/3을 제삼자에게 남기면서 먼저 죽어 그의 계획은 뒤집어졌다. 그리고 남자가 죽었다. 이제 100디르헴에 대해 자기 몫을 주장하는 세 부류의 사람들이 있다. (1) 제삼자, (2) 아내의 직계(가족), (3) 남편의 직계(그의 자녀 또는 부모). 재산을 어떻게 나누어야 하는가?

풀이

지참금 10디르헴은 전적으로 신부의 것이므로 이 중 1/3을 제삼자에게 주어야 하며, 나머지 2/3는 신부의 가족에게 권리가 있다. 남자보다 신부가 먼저 죽었으므로 나머지 90디르헴은 남자의 가족에게 권리가 있다고 보는 것이 타당할 것이다.

4.6 페르시아 수학자 나시르 에딘은 반지름이 $2r$인 원 내부에 접하도록 반지름이 r인 원을 굴릴 때, 작은 원 위의 한 점은 큰 원의 지름을 왕복한다는 사실을 증명하였다. 이 결과를 설명하는 그림을 그려라. 그리고 증명해 보아라.

풀이

큰 원 안에서 작은 원이 굴러갈 때, 작은 원 위에 고정되어 있는 점이 그리는 자취를 하이포사이클로이드라고 한다.

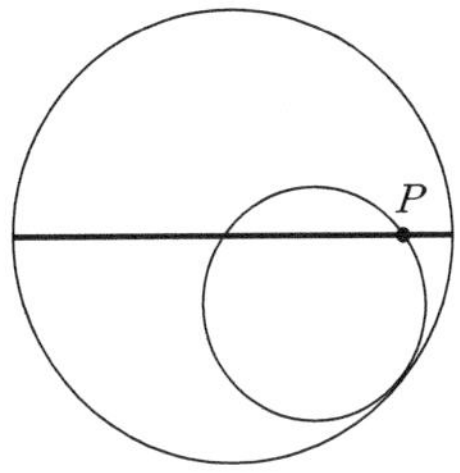

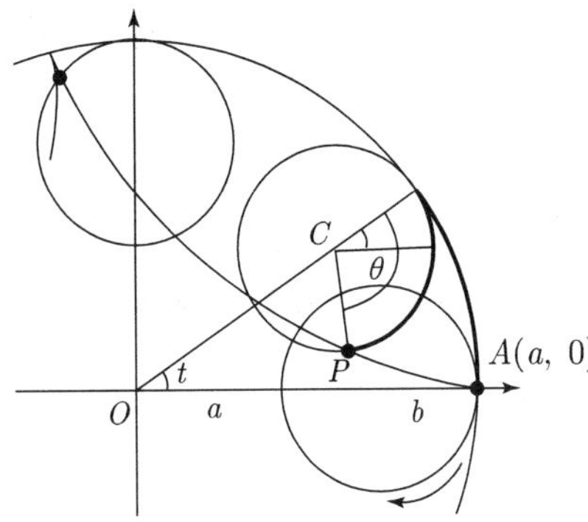

큰 원의 반지름의 길이가 작은 원의 반지름의 길이의 2배일 때 작은 원 위의 한 점 P는 왼쪽 그림과 같이 큰 원의 지름을 왕복하게 된다.

이제 오른쪽 그림에서 큰 원의 반지름의 길이를 a, 작은 원의 반지름의 길이를 b라고 하고, 작은 원의 점 P의 처음 위치를 $A(a,\ 0)$라 하자. 작은 원이 큰 원에 내접하여 구를 때, 작은 원의 중심 C가 처음 위치에서 원점 O를 중심으로 각 t만큼 회전했다고 하자. 그러면 점 C의 좌표는

$$C((a-b)\cos t,\ (a-b)\sin t)$$

이다. 그림의 큰 원과 작은 원에서 굵은 선으로 그려진 호의 길이는 같으므로

$$at = b(t+\theta)$$

이고 이로부터 $\theta = \dfrac{a-b}{b}t$이다.

t를 매개변수로 하고, 점 P의 좌표를 $x(t)$, $y(t)$라 하면 다음과 같은 하이포사이클로이드의 매개변수방정식을 얻는다.

$$x(t) = (a-b)\cos t + b\cos\left(\frac{a-b}{b}t\right), \quad y(t) = (a-b)\sin t - b\sin\left(\frac{a-b}{b}t\right)$$

우리의 문제는 $a=2r$, $b=r$인 경우이다. 이를 대입하면

$$x(t) = r\cos t + r\cos t = 2r\cos t, \quad y(t) = r\sin t - r\sin t = 0$$

이다. 그리고 $-1 \le \cos t \le 1$이므로 $-2r \le x \le 2r$, $y=0$이다. 즉 반지름이 $2r$인 원 내부에 접하도록 반지름이 r인 원을 굴릴 때, 작은 원 위의

한 점은 큰 원의 지름을 왕복한다.

4.7 점 A에서 직각을 갖는 직각삼각형 ABC가 있다. 타빗 이븐 쿠라의 일반화된 피타고라스 정리를 적용하여 그의 결과가 피타고라스 정리를 유도함을 보여라.

풀이

타빗 이븐 쿠라의 일반화된 피타고라스의 정리는 변 BC가 가장 긴 변인 삼각형 ABC를 생각했을 때, $\angle B'AB = \angle C$와 $\angle C'AC = \angle B$가 성립하도록 변 BC 위에 점 B'과 C'을 선택했을 때, 등식

$$\overline{AB}^2 + \overline{AC}^2 = \overline{BC} \cdot (\overline{BB'} + \overline{CC'}) \quad \cdots(*)$$

이 성립하는 것이다. 이때, $\angle AB'B = \angle CAB$와 $\angle ABB' = \angle CBA$이므로 왼쪽 그림에서 $\triangle B'BA$과 $\triangle C'AC$은 $\triangle ABC$와 닮음이다.

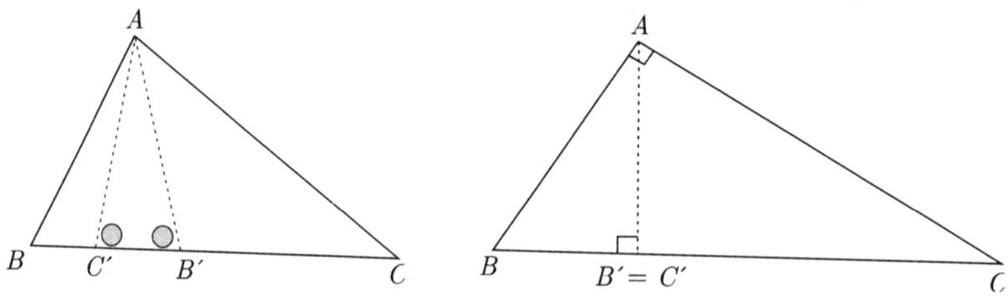

그런데 $\angle A = 90°$이면, 오른쪽 그림에서와 같이 변 BC 위에 점 B'과 C'은 동일한 점이 되어야 한다. 따라서 $\overline{BB'} + \overline{CC'} = \overline{BC}$이고 결국 등식 (*)은 직각삼각형의 피타고라스의 정리이다.

4.8 이 문제는 알콰리즈미의 대수학에 있는 문제이다. 한 여자가 딸, 어머니, 남편을 두고 죽었다. 그녀는 어머니의 몫만큼을 어떤 사람에게, 그리고 전체 재산의 1/9 만큼을 또 다른 사람에게 유산으로 남겼다. 각자의 몫을 구하여라. [참고 : 그 당시 아랍법에 의하면 어머니의 몫은 2/13이고, 남편의 몫은 3/13이다.]

풀이

여자의 전 재산을 1이라 하자. 유증을 할 경우, 먼저 가족이 아닌 사람들에게 유증을 하고 남은 재산을 가족에게 유증한다고 하자. 이제 어떤 사람에게 2/13(아랍의 법리에 의한 어머니의 몫)을 주고, 또 다른 사람에게 전체 재산의 1/9을 주면 남는 재산은

$$1-\left(\frac{2}{13}+\frac{1}{9}\right)=\frac{86}{117}$$

이다. 이것의 2/13을 어머니에게, 3/13을 남편에게 주고 나머지를 딸에게 주면 몫은 다음과 같다.

$$\frac{86}{117}\times\frac{2}{13}=\frac{172}{1521},\ \frac{86}{117}\times\frac{3}{13}=\frac{258}{1521},\ \frac{86}{117}\times\frac{8}{13}=\frac{688}{1521}$$

4.9 아부 카밀(850-930)은 알콰리즈미의 대수학에 대한 해설을 썼다. 그는 약간의 독창적인 대수 문제를 덧붙여 놓았다. 다음 문제를 해결하여라. 수 50은 어떤 다른 수로 나누어진다. 만약 나누는 수가 3씩 증가한다면, 몫은 3과 3/4씩 감소한다. 나누는 수는 무엇인가?

풀이

50을 나누는 수는 50의 약수 n이다. 즉 $n=1,\ 2,\ 5,\ 10,\ 25,\ 50$ 중 하나이다. 나누는 수가 3이 증가한다면, 몫은 3과 3/4이 감소하므로 $50=(n+3)\left(q-\frac{15}{4}\right)$, 즉 $4q=15+\frac{200}{n+3}$이 성립한다. 여기서 $n,\ q$는 자연수이다. 이 식은 $n=5,\ q=10$일 경우만 성립하므로 나누는 수는 5이다. 실제로, 나누는 수가 5일 때, 몫은 10이고, 나누는 수가 3이 증가한 8일 때, 몫은 $\frac{50}{8}=6.25$로 10에서 $\frac{15}{4}$ 감소한 값이다.

4.10 본문에서 다룬 9 없애기와 마찬가지로 '11 없애기' 방법은 수학적으로 모듈 11 연산을 하는 것과 같다. 11 없애기는 양의 정수에 (i) 홀수 위치에 있는 수들이

더해지고, (ii) 짝수 위치에 있는 수들이 더해지고, 그리고 (iii) 첫번째 합에서 두 번째 합을 빼는 방식으로 진행된다. 왜 이러한 방식으로 진행되는지 설명하여라. 본문에 있는 예제들을 확인하기 위해서 11 없애기 방법을 사용하여라.

풀이

예를 들어, 네 자리의 수 $abcd$가 11의 배수라고 하자. 그러면

$$\begin{aligned} abcd &= a\times 1000+b\times 100+c\times 10+d \\ &= a\times 1001+b\times 99+c\times 11-(a-b+c-d) \end{aligned}$$

로 나타낼 수 있다. 1001, 99, 11은 모두 11의 배수이고, $abcd$도 11의 배수이므로

$$a-b+c-d=(a+c)-(b+d)$$

도 11의 배수이어야 한다. 즉 홀수 위치에 있는 수의 합에서 짝수 위치에 있는 수의 합의 차는 반드시 11의 배수이다. '11 없애기' 방법은 이와 같은 방법으로 진행시키면 된다.

4.11 두 양의 정수에 대하여 각각이 다른 수의 진약수의 합과 같을 때, 두 양의 정수를 친화수라 한다. 예를 들면, 220과 284 쌍은 친화수이다. 왜냐하면 220의 진약수는 1, 2, 4, 5, 10, 11, 20, 22, 44, 55, 110이고, 이들의 합은 284, 284의 진약수는 1, 2, 4, 71, 142이고, 이들의 합은 220이기 때문이다. 타빗 이븐 쿠라는 친화수를 생성하는 다음과 같은 공식을 발견했다. n을 양의 정수라 하고 다음과 같이 놓자.

$$h=3\cdot 2^n-1,\ t=3\cdot 2^{n-1}-1,\ s=9\cdot 2^{2n-1}-1$$

만약 $h,\ t,\ s$가 모두 소수이면 $2^n\cdot h\cdot t$와 $2^n\cdot s$는 친화수이다. $n=2$에 대하여 타빗 이븐 쿠라의 공식으로 위의 친화수를 구할 수 있다. 이것을 증명하여라. 또한 $n=4$일 때 이 공식으로부터 새로운 친화수를 구할 수 있다. 이것을 확인하여라. 오늘날 6,262,871개의 친화수의 쌍이 밝혀져 있다. 이 공식으로 무한히 많은 친화수의 쌍을 구할 수 있는지에 대해서는 아직 알 수 없다. 마지막 서술이

무엇을 의미하는지 설명하여라.

풀이

$n=2$일 때 $h=3\times 2^2-1=11$, $t=3\times 2^1-1=5$, $s=9\times 2^3-1=71$ 모두 소수이다.

$2^n\times h\times t=2^2\times 11\times 5=220$의 진약수는 1, 2, 4, 5, 10, 11, 20, 22, 44, 55, 110이고 이들의 합은 284이다.

$2^n\times s=2^2\times 71=284$의 진약수는 1, 2, 4, 71, 142이고, 이들의 합은 220이다. 따라서 220과 284는 친화수이다.

$n=4$일 때 $h=3\times 2^4-1=47$, $t=3\times 2^3-1=23$, $s=9\times 2^7-1=1151$는 모두 소수이다.

$2^n\times h\times t=2^4\times 47\times 23=17296$의 진약수는 1, 2, 4, 8, 16, 23, 46, 92, 184, 368, 47, 94, 188, 376, 752, 1081, 2162, 4324, 8648이고, 이들의 합은 18416이다.

$2^n\times s=2^4\times 1151=18416$의 진약수는 1, 2, 4, 8, 16, 1151, 2302, 4604, 9208이고 이들의 합은 17296이다.

따라서 17296과 18416은 친화수이다.

4.12 삼각형의 넓이를 구하는 헤론의 공식은 힌두교도와 아랍인 모두 알고 있었다. a, b, c를 주어진 삼각형의 세 변의 길이라 하자. 그리고 $s=(a+b+c)/2$를 둘레의 길이의 절반이라 하자. 그러면 삼각형의 넓이 A는

$$A=\sqrt{s(s-a)(s-b)(s-c)}$$

이다. 헤론의 공식을 증명하여라. 왜 헤론의 공식이 사실인지 토론하여라.

풀이

헤론의 공식을 유도하는 데는 삼각형 ABC에 대한 다음과 같은 삼각법에 관한 공식이 필요하다.

(1) 코사인 제2법칙 : $a^2 = b^2 + c^2 - 2bc\cos A \Rightarrow \cos A = \dfrac{b^2+c^2-a^2}{2bc}$

(2) 넓이 공식 : $S = \dfrac{1}{2}bc\sin A$

(3) 제곱 공식 : $\cos^2 A + \sin^2 A = 1 \Rightarrow \sin^2 A = 1 - \cos^2 A$

(4) 위 (2)에서 $S^2 = \dfrac{1}{4}b^2c^2\sin^2 A$

(5) 위 (3)을 (4)에 대입하면 $S^2 = \dfrac{1}{4}b^2c^2(1-\cos^2 A)$

위 (1)을 (5)에 대입하면 $S^2 = \dfrac{1}{4}b^2c^2\left\{1-\left(\dfrac{b^2+c^2-a^2}{2bc}\right)^2\right\}$이므로

$$S^2 = \frac{b^2c^2}{4}\frac{\{(2bc)^2-(b^2+c^2-a^2)^2\}}{4b^2c^2} = \frac{\{(2bc)^2-(b^2+c^2-a^2)^2\}}{16}$$

$$S = \frac{\sqrt{(2bc)^2-(b^2+c^2-a^2)^2}}{4} = \frac{\sqrt{\{a^2-(b-c)^2\}\{(b+c)^2-a^2\}}}{4}$$

$$= \frac{\sqrt{(a-b+c)(a+b-c)(b+c-a)(b+c+a)}}{4}$$

$a+b+c=2s$에서 $a-b+c=2(s-b)$, $a+b-c=2(s-c)$, $b+c-a=2(s-a)$이므로

$$S = \frac{\sqrt{(a-b+c)(a+b-c)(b+c-a)(b+c+a)}}{4}$$

$$= \frac{4\sqrt{s(s-a)(s-b)(s-c)}}{4}$$

따라서 $S = \sqrt{s(s-a)(s-b)(s-c)}$이다.

4.13 연습문제 12번과 관계가 있다. 헤론의 공식에서 피타고라스 정리가 유도되는 이유는 무엇인가?

풀이

삼각형 ABC가 $\angle A = 90°$인 직각삼각형일 때,

$\frac{1}{2}bc = S = \sqrt{s(s-a)(s-b)(s-c)}$가 성립한다. 여기서 $a+b+c=2s$이다. 양변을 제곱하여 정리하면 $b^2c^2 = 4s(s-a)(s-b)(s-c)$이다.

$$s = \frac{a+b+c}{2},\ s-a = \frac{b+c-a}{2},\ s-b = \frac{a+c-b}{2},\ s-c = \frac{a+b-c}{2}$$

를 대입하여 정리하면

$$\begin{aligned} b^2c^2 &= 4s(s-a)(s-b)(s-c) = 4\frac{a+b+c}{2}\frac{b+c-a}{2}\frac{a+c-b}{2}\frac{a+b-c}{2} \\ &= \frac{(a-b+c)(a+b-c)(b+c-a)(b+c+a)}{4} \\ &= \frac{[a^2-(b-c)^2][(b+c)^2-a^2]}{4} \\ &= \frac{[2bc+a^2-b^2-c^2][2bc-(a^2-b^2-c^2)]}{4} \\ &= \frac{4b^2c^2-(a^2-b^2-c^2)^2}{4} \\ &= b^2c^2 - \frac{(a^2-b^2-c^2)^2}{4} \end{aligned}$$

을 얻는다. 이 등식으로부터 $b^2+c^2=a^2$을 얻는다.

4.14 **과제** 많은 다른 '일반화된 피타고라스 정리'가 존재한다. 여기서 그 하나를 논의하자. 일반화된 피타고라스 정리는 직각삼각형뿐만 아니라 어떤 종류의 삼각형에 대해서도 성립한다(그림 4.12 참조).

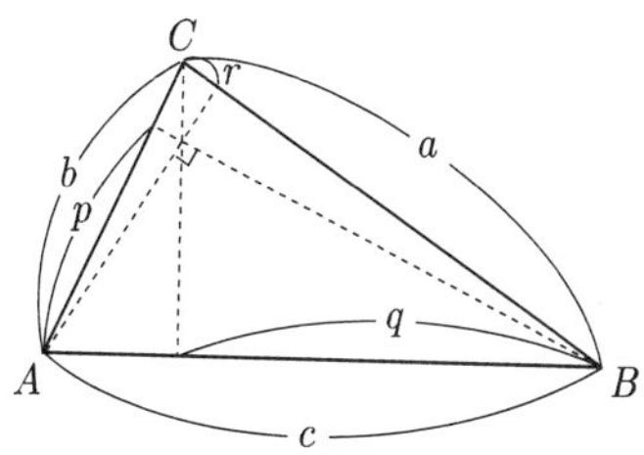

그림 4.12 _ 일반화된 피타고라스 정리

$$a^2 = b^2 + c^2 \pm 2bp$$
$$b^2 = a^2 + c^2 \pm 2cq$$
$$c^2 = a^2 + b^2 \pm 2ar$$

여기서

$p =$(b 위로 c를 사영한 것)
$q =$(c 위로 a를 사영한 것)
$r =$(a 위로 b를 사영한 것)

위의 피타고라스 정리의 다른 형태를 증명하여라.

풀이

주어진 세 등식 모두 같은 방법으로 증명이 가능하기 때문에 그 중 하나만 증명하자.

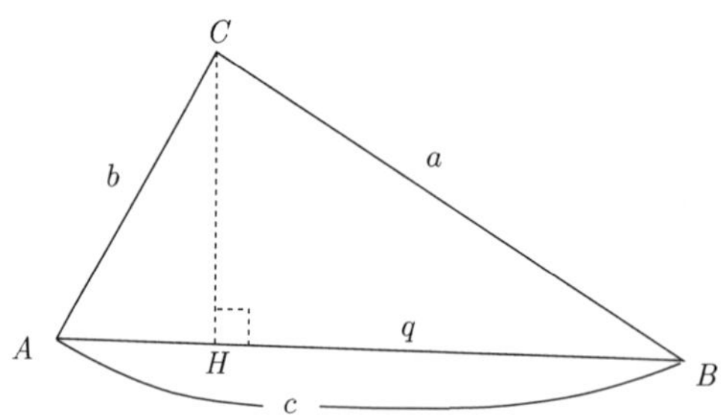

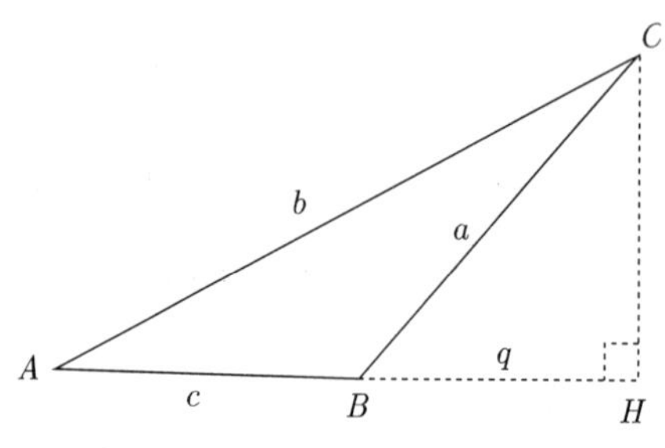

위 두 그림에서 삼각형 ACH, 삼각형 BCH에 피타고라스의 정리를 각각 적용하면 다음의 결과를 얻는다.

(첫 번째 그림) $b^2 - (c-q)^2 = \overline{CH}^2 = a^2 - q^2 \Rightarrow b^2 = a^2 + c^2 - 2cq$

(두 번째 그림) $b^2-(c+q)^2=\overline{CH}^2=a^2-q^2 \Rightarrow b^2=a^2+c^2+2cq$

4.15 과제 우리는 아랍인보다 음수를 더 잘 이해하고 있다. 아랍인의 이차방정식의 풀이 방법을 음수 근을 구할 수 있도록 수정하여라.

풀이

이차방정식 $x^2+ax+b=0$에 알콰리즈미의 방법을 적용할 때, 임의의 실수 a, b에 대하여, 큰 정사각형의 넓이 $-b+4(a/4)^2$이 양수일 때는 다음과 같이 양수 근뿐만 아니라 음수 근도 구할 수 있다. 큰 정사각형의 한 변의 길이를 y라 할 때,

$$x=y-2(A/4)\ (\text{양수 근}),\quad x=-y-2(A/4)\ (\text{음수 근})$$

예를 들면, $x^2+x-2=0$(예제 4.1)에 대해서, 큰 정사각형의 넓이는 $2+4(1/4)^2=(1.5)^2$이므로 큰 정사각형의 한 변의 길이는 1.5이다. 따라서

$$x=1.5-2(1/4)=1,\quad x=-1.5-2(1/4)=-2$$

예를 들면, $x^2+3x+2=0$(문제 3)에 대해서 큰 정사각형의 넓이는 $-2+4(3/4)^2=(0.5)^2$이므로 큰 정사각형의 한 변의 길이는 0.5이다. 따라서

$$x=0.5-2(3/4)=-1,\quad x=-0.5-2(3/4)=-2$$

4.16 과제 아랍인은 구 위의 유한개의 점을 알고 있을 때 구의 중심을 찾는 문제에 흥미를 가졌다. 평면에 있는 원에 대해서, 원 위의 서로 다른 세 점은 원의 중심을 결정한다. 구의 중심을 알기 위해서는 몇 개의 점이 필요한가?

풀이

공간에서 만약 세 점이 한 평면에 놓이고 그 평면 위의 일직선 위에 놓이지 않으면 그 평면에 놓인 유일한 원을 하나 결정하므로 이런 경우는 세 개의 점만으로 구를 결정할 수 없다. 최소한 공간에서 네 개의 점이 한 평면에

놓이지 않고, 그 중 어느 세 점도 일직선 위에 놓이지 않는다면 네 개의 점으로 구를 결정할 수 있다. 왜냐하면, 이러한 네 개의 점을 $(a_i,\ b_i,\ c_i)(i=1,\ 2,\ 3,\ 4)$라 하고, 구의 반지름을 r, 구의 중심을 $(x,\ y,\ z)$라 하면 연립방정식

$$(x-a_i)^2+(y-b_i)^2+(z-c_i)^2=r\ (i=1,\ 2,\ 3,\ 4)$$

이 세워진다. 미지수가 4개이고 방정식이 4개이므로 이 연립방정식으로부터 $x,\ y,\ z,\ r$을 구할 수 있다.

제 5 장 카르다노 · 아벨 · 갈루아 그리고 방정식

5.1 방정식 $3x-7=4$의 근을 모두 구하여라. 모든 근을 다 구했는지 설명하여라.

풀이

근은 $x=\dfrac{11}{3}$으로 한 개다. 일차방정식의 근은 한 개이므로 모든 근을 다 구했다.

5.2 이차방정식 $x^2+x-4=0$의 근을 모두 구하여라. 모든 근을 다 구했는지 설명하여라.

풀이

근은 $x=\dfrac{-1\pm\sqrt{17}}{2}$로 두 개이다. 이차방정식의 근은 두 개이므로 근을 다 구했다.

5.3 이차방정식 $x^2+x+4=0$의 근을 근의 공식을 이용하여 구하여라. 어떤 어려움에 부딪히는가? 이 방정식은 실수해를 갖는가? 함수 $p(x)=x^2+x+4$의 그래프를 그리고 왜 실수해가 없는지 토론하여라.

풀이

근은 $x=\dfrac{-1\pm\sqrt{-15}}{2}$로 제곱근 안의 부호가 음이 되어 허근을 갖는다. $p(x)$의 그래프는 x축보다 위에 있어 x축과 만나지 않는다.

5.4 계수가 실수이고 차수가 홀수인 방정식은 실수근을 갖고 그 그래프는 x축과 만난다. 이것이 사실인지 토론하여라. 이차방정식에는 실수근이 없을 수도 있는데 비해 삼차방정식은 적어도 한 개의 실수근을 항상 가지는 이유에 대해 토론하여라. 사실 근이 복소수일 때는 항상 켤레복소수가 모두 근이 된다. 이 결과에 대해 토론하고 증명하여라.

풀이

삼차방정식을 그래프로 그리면 항상 치역이 음의 무한대에서 양의 무한대까지이다. 따라서 그래프는 x축과 적어도 한 점에서 만난다. 그 점의 x좌표가 실수근이다.

삼차방정식 $ax^3+bx^2+cx+d=0$의 복소수 근을 z이라고 하면 $az^3+bz^2+cz+d=0$이 성립한다. 이 식의 양변에 켤레를 취하면

$$\overline{az^3+bz^2+cz+d}=\overline{0}.$$

이 식은

$$\overline{az^3}+\overline{bz^2}+\overline{cz}+\overline{d}=\overline{0}$$

과 같고 a, b, c, d, 0은 실수이므로 다시

$$a\overline{z^3}+b\overline{z^2}+c\overline{z}+d=0$$

와 같다. 한편 $\overline{z^2}=(\overline{z})^2$이므로

$$a(\overline{z})^3+b(\overline{z})^2+c(\overline{z})+d=0$$

이 성립한다. 따라서 z의 켤레복소수인 $\overline{z}$도 근이다.

5.5 사차방정식이 항상 실수근을 갖는지 토론하여라. 예들을 찾아보아라. $p(x)=x^4+1$은 실수근을 갖는가? x^4-2x^2+1은 실수근을 갖는가?

풀이

사차방정식은 실수근을 가질 수도 있고 모든 근이 허수일 수도 있다. $p(x)=x^4+1$의 근은 $\sqrt[4]{-1}$, $\sqrt[4]{-1}\,i$, $-\sqrt[4]{-1}$, $-\sqrt[4]{-1}\,i$로 실수근을 가지지 않는다. $x^4-2x^2+1=0$의 근 중 두 근은 $x=1$, $x=-1$로 실수이다.

5.6 카르다노의 방법을 이용하여 $x^3-x-6=0$의 근을 구하여라.

풀이

$$x=2,\ x=-1\pm\sqrt{2}\,i$$

5.7 카르다노의 방법을 이용하여 $3x^3-10x^2+9=0$의 근을 구하여라.

풀이

$$x=3,\ x=\frac{1\pm\sqrt{37}}{6}$$

5.8 근이 $-1,\ 3,\ 5$인 방정식을 하나 구하여라.

풀이

$$(x+1)(x-3)(x-5)=0$$

5.9 실수근을 갖지 않는 이차방정식의 예를 말하여라. 사차방정식도 말할 수 있는가?

풀이

$$x^2+9=0,\ x^4+x^2+9=0$$

5.10 차수가 홀수인 방정식이 항상 적어도 한 개의 실수근을 갖는 이유를 말하여라.

풀이

차수가 홀수인 방정식의 그래프는 항상 x축과 적어도 한 개의 점에서 만나기 때문이다.

5.11 과제 오차방정식

$$x^5-5x^4-10x^3-10x^2-5x-1=0 \tag{*}$$

의 유일한 실수근은 $\alpha = 1 + \sqrt[5]{2} + \sqrt[5]{4} + \sqrt[5]{8} + \sqrt[5]{16}$ 뿐이다. 이것이 참임을 계산으로 보여라. 나아가 이것이 단 하나의 실수근임을 보여라. 방정식 (*)을 $x - \alpha$로 나누어 사차방정식을 얻을 수도 있다. 이 사차방정식은 오로지 복소수 근만을 가져야 한다. 이 복소수근들에 대하여 무엇을 알 수 있는가?

풀이

먼저 $f(x) = x^5 - 5x^4 - 10x^3 - 10x^2 - 5x - 1$이라 놓자. 그러면

$$\begin{aligned} 0 &= x^5 - 5x^4 - 10x^3 - 10x^2 - 5x - 1 \\ &= 2x^5 - (x^5 + 5x^4 + 10x^3 + 10x^2 + 5x + 1) \\ &= 2x^5 - (x+1)^5 \\ &= (2^{1/5}x)^5 - (x+1)^5 \end{aligned}$$

으로부터 $f(x) = (2^{1/5}x)^5 - (x+1)^5$을 얻는다. 방정식 $f(x) = 0$은 방정식 $(2^{1/5}x)^5 = (x+1)^5$과 동치이고, 다시 방정식 $2^{1/5}x = x + 1$과 동치이다. 따라서 $x = \dfrac{1}{2^{1/5} - 1}$이다. 한편,

$$\begin{aligned} \alpha &= 1 + \sqrt[5]{2} + \sqrt[5]{4} + \sqrt[5]{8} + \sqrt[5]{16} \\ &= 1 + 2^{1/5} + 2^{2/5} + 2^{3/5} + 2^{4/5} \\ &= \frac{1(1 - (2^{1/5})^5)}{1 - 2^{1/5}} \\ &= \frac{1}{2^{1/5} - 1} \end{aligned}$$

이므로 α는 방정식 $f(x) = 0$의 유일한 실수근이다.

그리고 $f(x) = (x - \alpha)g(x)$라 하면, 조립제법에 의해

$$\begin{aligned} g(x) = x^4 &+ (\alpha - 5)x^3 + (\alpha^2 - 5\alpha - 10)x^2 \\ &+ (\alpha^3 - 5\alpha^2 - 10\alpha - 10)x + (\alpha^4 - 5\alpha^3 - 10\alpha^2 - 10\alpha - 5) \end{aligned}$$

를 얻는다. 4차방정식 $g(x) = 0$은 실수 근이 아닌 복소수 근만을 갖는다.

5.12 과제 오차다항식

$$x^5 - x^4 - x + 1$$

은 완전히 인수분해될 수 있다. 인수분해를 하고 근을 모두 찾아라.

풀이

$x^5 - x^4 - x + 1 = (x^2 - 1)(x^3 - x^2 + x - 1)$에서 $x = \pm 1$이 근이다.

$x^3 - x^2 + x - 1 = (x - 1)(x^2 + 1)$에서 $x = 1$, $x = \pm i$이다.

따라서 $x^5 - x^4 - x + 1 = (x - 1)^2(x + 1)(x - i)(x + i)$로 인수분해된다.

5.13 과제 다음 방정식의 근을 모두 찾아라.

$$(x - y)^3 - (x - y) + 1 = 0$$

이 방정식의 근은 $\mathbb{C}^2 = \mathbb{C} \times \mathbb{C}$ 에 속하는 순서쌍 (x, y)의 모임이다. 이 집합에 대하여 설명하여라. 이 집합의 크기는? 이 집합의 기하학적 특징은 무엇인가?

풀이

m, n이 실수일 때, 이차항이 없는 $x^3 + mx + n = 0$꼴의 삼차방정식을 저하된(간편화) 삼차방정식이라 한다. 카르다노의 풀이 방법은 다음과 같다.
m, n이 실수일 때, 삼차방정식

$$x^3 + mx + n = 0$$

에서 $x = u + v$라 하면 다음을 얻는다.

$$x^3 = (u + v)^3$$

$$x^3 = u^3 + 3u^2v + 3uv^2 + v^3$$

$$x^3 = u^3 + v^3 + 3uv(u + v)$$

$$x^3 = u^3 + v^3 + 3uvx$$

$$x^3 - 3uvx - (u^3 + v^3) = 0$$

방정식 $x^3+mx+n=0$와 계수를 비교하면 $m=-3uv$, $n=-(u^3+v^3)$,

$$\therefore\ uv=-\frac{m}{3},\quad u^3+v^3=-n.$$

$u^3v^3=-\dfrac{m^3}{27}$, $u^3+v^3=-n$을 두 근으로 하는 이차방정식은 $y^2+ny-\dfrac{m^2}{27}=0$이므로 근의 공식에 의해

$$y=\frac{-n\pm\sqrt{n^2+\dfrac{4m^3}{27}}}{2}$$

이다.

$$s=\frac{-n+\sqrt{n^2+\dfrac{4m^3}{27}}}{2},\quad t=\frac{-n-\sqrt{n^2+\dfrac{4m^3}{27}}}{2}$$

라 하면 $x^2+x+1=0$의 한 근 $w=\dfrac{-1+\sqrt{3}i}{2}$에 대하여 $x^3=1$이므로 방정식 $x^3=s$의 세 근은 $x=\sqrt[3]{s}$, $\sqrt[3]{s}\,w$, $\sqrt[3]{s}\,w^2$이고, 방정식 $x^3=t$의 세 근은 $x=\sqrt[3]{t}$, $\sqrt[3]{t}\,w$, $\sqrt[3]{t}\,w^2$이다. 한편

$$\sqrt[3]{s}\times\sqrt[3]{t}=\sqrt[3]{st}=\sqrt[3]{\frac{n^2-\left(n^2+\dfrac{4m^3}{27}\right)}{4}}=\sqrt[3]{-\frac{m^3}{27}}=-\frac{m}{3}$$

$$\sqrt[3]{s}\,w\times\sqrt[3]{t}\,w^2=\sqrt[3]{st}\,w^3=-\frac{m}{3}$$

$$\sqrt[3]{s}\,w^2\times\sqrt[3]{t}\,w=\sqrt[3]{st}\,w^3=-\frac{m}{3}$$

이므로 $uv=-\dfrac{m}{3}$을 만족하는 것은 $\begin{cases}u=\sqrt[3]{s}\\v=\sqrt[3]{t}\end{cases}$, $\begin{cases}u=\sqrt[3]{s}\,w\\v=\sqrt[3]{t}\,w^2\end{cases}$, $\begin{cases}u=\sqrt[3]{s}\,w^2\\v=\sqrt[3]{t}\,w\end{cases}$으로 세 쌍뿐이다. 따라서 방정식 $x^3+mx+n=0$의 근은 $\sqrt[3]{s}+\sqrt[3]{t}$, $\sqrt[3]{s}\,w+\sqrt[3]{t}\,w^2$, $\sqrt[3]{s}\,w^2+\sqrt[3]{t}\,w$이다.

이제 우리의 문제로 돌아가자. $x-y=X$라 두면, 주어진 문제는 $X^3-X+1=0$이다. $m=-1$, $n=1$이므로 위에서 설명한 카르다노의 풀이 방법에 의해 $X^3-X+1=0$의 근은

$$\sqrt[3]{s}+\sqrt[3]{t},\ \sqrt[3]{s}\,w+\sqrt[3]{t}\,w^2,\ \sqrt[3]{s}\,w^2+\sqrt[3]{t}\,w$$

$$(\text{단, } s=-\frac{1}{2}+\frac{1}{6}\sqrt{\frac{23}{3}},\ t=-\frac{1}{2}+\frac{1}{6}\sqrt{\frac{23}{3}},\ w=\frac{-1+\sqrt{3}i}{2})$$

이다. 따라서 방정식 $(x-y)^3-(x-y)+1=0$의 근들은 복소평면 $\mathbb{C}^2=\mathbb{C}\times\mathbb{C}$에서 기울기가 1이고 y절편이 각각 $\sqrt[3]{s}+\sqrt[3]{t}$, $\sqrt[3]{s}\,w+\sqrt[3]{t}\,w^2$, $\sqrt[3]{s}\,w^2+\sqrt[3]{t}\,w$인 세 직선 위의 점 $(x,\ y)$들의 집합이다. 이 집합의 크기는 무한이다.

제 6 장 데카르트와 좌표

6.1 직교좌표 평면에서 $|x|+|y|=1$을 만족하는 점들을 그려라.

풀이

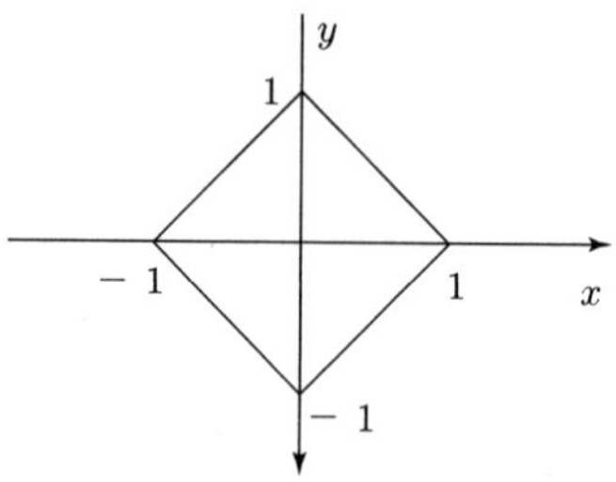

6.2 직교좌표 평면에서 $|x+y|=1$을 만족하는 점들을 그려라.

풀이

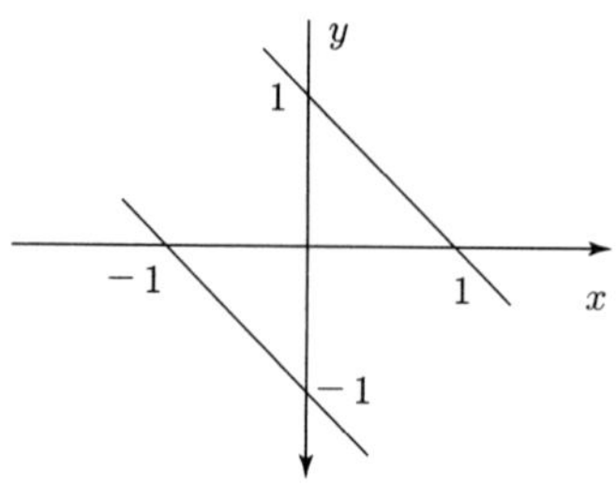

6.3 직교좌표 평면에서 $|x|-|y|=1$을 만족하는 점들을 그려라.

풀이

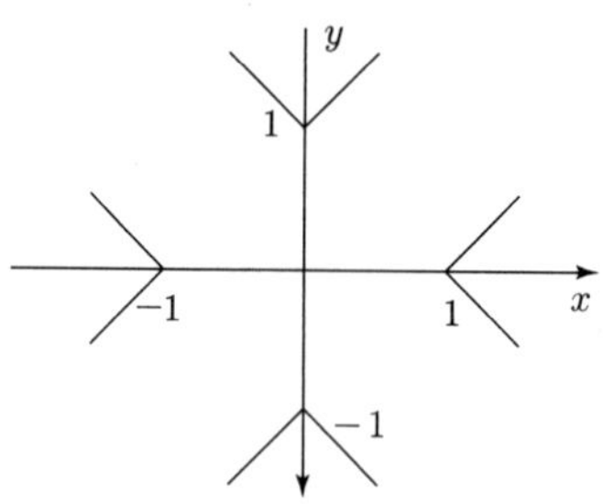

6.4 3차원 공간에서 $(x-1)^2+(y-2)^2+(z-3)^2=4$를 만족하는 점들을 그려라.

풀이

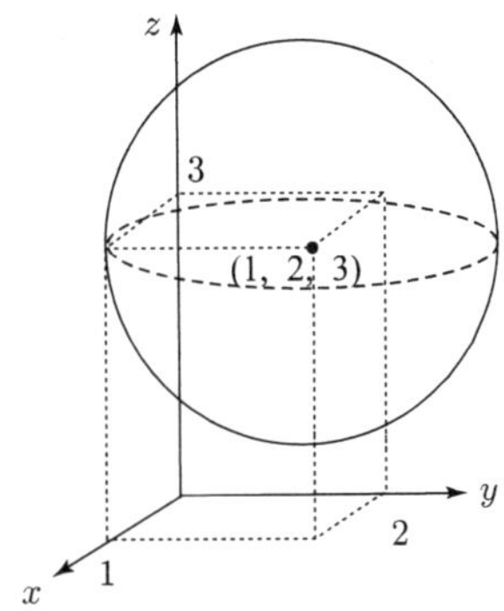

6.5 3차원 공간에서 $x-2y+5z=10$을 만족하는 점들을 그려라.

풀이

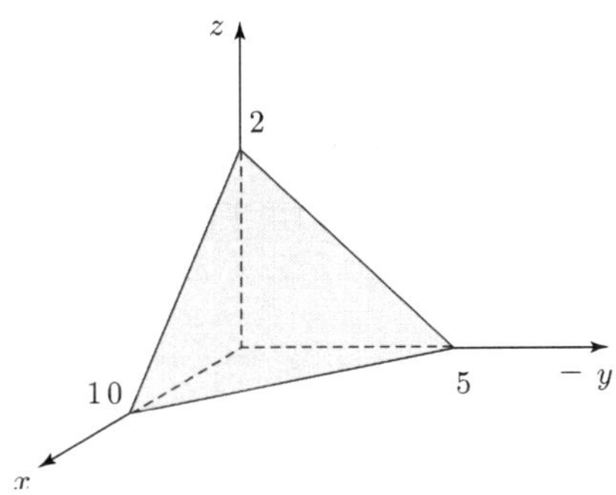

6.6 삼각형 ABC가 변 AB와 변 AC가 같은 이등변삼각형일 때, 직교좌표를 사용하여 꼭짓점 A에서 변 BC까지의 중선은 선분 BC에 수직임을 증명하여라.

풀이

$\mathrm{A}(a,\ b)$, $B(c,\ d)$, $\mathrm{C}(e,\ f)$라 하면, $\overline{AB}=\overline{AC}$로부터 $(a-c)^2+(b-d)^2$ $=(a-e)^2+(b-f)^2$이 성립하고 이를 간단히 정리하면

$$2ca - c^2 + 2bd - d^2 = 2ae - e^2 + 2bf - f^2$$
$$\Rightarrow\ 2b(d-f) - (d^2 - f^2) = -[2a(a-e) - (c^2 - e^2)]$$

이다. 선분 BC의 중점은 $D\left(\frac{c+e}{2}, \frac{d+f}{2}\right)$이다. 직선 AD와 직선 BC가 수직임을 보이는 것은 두 직선의 기울기의 곱이 -1임을 보이면 된다.

$$\left(\frac{d-f}{c-e}\right)\left(\frac{b-\frac{d+f}{2}}{a-\frac{c+e}{2}}\right) = \frac{(d-f)(2b-(d+f))}{(c-e)(2a-(c+e))} = \frac{2b(d-f)-(d^2-f^2)}{2a(c-e)-(c^2-e^2)} = -1$$

6.7 일직선 위에 있지 않은 세 점은 원을 유일하게 결정함을 증명하여라.

풀이

한 직선 위에 있지 않은 세 점 A, B, C는 한 직선 위에 있지 않기 때문에 유일한 삼각형을 만든다. 따라서 삼각형 ABC의 외접원도 유일하게 존재한다.

이 원의 중심은 외접원의 중심(외심)이므로 선분 AB의 수직이등분선과 선분 AC의 수직이등분선의 교점이다.

6.8 직교좌표 평면에서 $x^2 = y^3$을 만족하는 점들을 그려라.

풀이

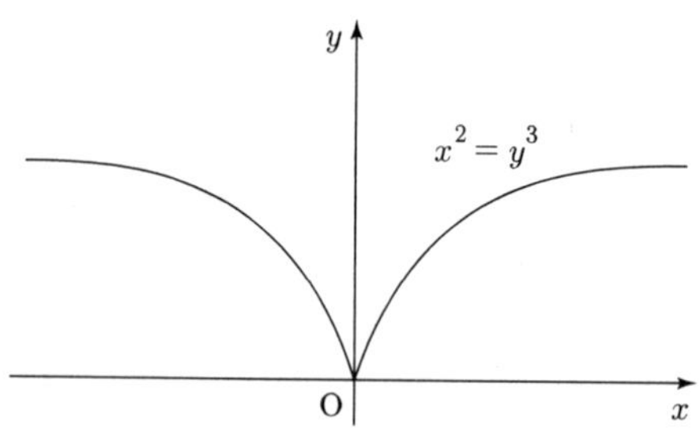

6.9 3차원 공간에서 $z^2 = x^2 + y^2$을 만족하는 점들을 그려라.

풀이

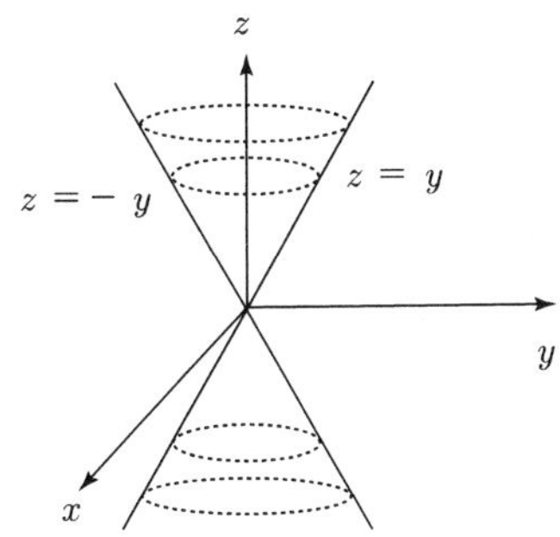

6.10 직교좌표 평면에서 두 점 (1, 2)와 (−3, 1)을 지나는 직선의 방정식을 구하여라.

풀이

기울기가 $\dfrac{1-2}{-3-1} = \dfrac{1}{4}$이고 점 (1, 2)를 지나는 직선은

$$y = \frac{1}{4}(x-1)+2 \quad \text{또는} \quad x-4y+7=0$$

6.11 3차원 공간에서 세 점 (1, 0, 0), (0, 1, 0), (0, 0, 2)를 지나는 평면의 방정식을 구하여라.

풀이

구하는 평면을 $ax+by+cz+d=0$이라 하면 $a=-d,\ b=-d,\ c=-\dfrac{1}{2}d$를 만족한다. 따라서 $-dx-dy-\dfrac{1}{2}dz+d=0$이다. 평면은 원점을 지나지 않아 $d \neq 0$이므로 구하는 평면은 $2x+2y+z-2=0$이다.

6.12 $\{(x, y, z) : |x|<1, |y|<1, |z|<1\}$로 주어진 3차원 공간의 점들의 집합에 대하여 설명하여라.

풀이

3차원 공간 직교좌표에서 한 모서리의 길이가 2인 정육면체 내부로 각 모서리는 좌표축들과 평행하며 원점이 정육면체의 무게중심이다.

6.13 과제 상대성 이론에서는 4차원 시공간을 사용한다. 좌표는 $(x,\ y,\ z,\ t)$이다. 여기서 $x,\ y,\ z$는 일반적으로 3차원 공간 직교좌표이고 t는 시간이다. 시공간에서 내적은

$$\ll (x,\ y,\ z,\ t),\ (x',\ y',\ z',\ t') \gg \equiv xx' + yy' + zz' - tt'$$

이다. 이 내적에서 시간 구성 요소 앞에 음의 부호가 왜 의미를 가지는지 설명하여라. 집합 $\{(x,\ y,\ z,\ t) : x^2 + y^2 + z^2 - t^2 < 0,\ t > 0\}$을 열린 원뿔이라 부른다. 상대성 이론에서 이 집합은 특히 흥미롭다. 왜 그런지 설명하여라.

풀이

만약 시간 성분이 공간 성분의 부호와 같다면 시공간은 4차원 유클리드 공간이 된다. 4차원 유클리드 공간에서 어떤 사건의 원점으로부터의 거리 s는 $x^2 + y^2 + z^2$에 t^2 같은 것이 더해져야 한다. 여기서 $x,\ y,\ z$는 모두 공간을 나타내므로 단위를 맞추려면 t 대신에 ct(c는 광속)가 들어가야 한다. 따라서 거리의 제곱은 $s^2 = x^2 + y^2 + z^2 + (ct)^2 > 0$으로 주어진다. 즉 $\left(\frac{s}{t}\right)^2 = v^2 > c^2$이다. 다시 말하면, 시간 성분과 공간 성분의 부호가 같다면, 물체의 속력이 광속보다 빠르게 된다. 유클리드 공간에서 이는 모순이다. 따라서 4차원 시공간은 유클리드 공간이 아니라 시간 성분과 공간 성분의 부호는 다르고, 거리의 제곱은

$$s^2 = x^2 + y^2 + z^2 - (ct)^2 < 0$$

인 이른바 민코프스키 공간이다. 민코프스키 시공간에서 빛이 지나는 길의 집합을 빛 원뿔이라 부른다. 4차원은 그릴 수 없으므로 공간을 2차원이라 간주하고 시간을 더해서 3차원 시공간 $(x,\ y,\ t)$를 생각하여 시간을 세로축으로 나타내고, 바로 이 순간 이 자리를 원점으로 정하면 $t = 0$이 현재이고

$x=y=0$이 우리의 위치가 된다. 그러면 원점에서 퍼져나가는 빛을 기술하는 식은 $x^2+y^2-c^2t^2=0$이고, 이를 민코프스키 시공간에 그리면 원뿔이 된다. $t<0$인 경우에 이 식은 과거에 다른 곳에서 출발해서 원점(현재 우리)으로 온 빛을 기술한다. 이러한 민코프스키 시공간에서 모든 물체는 운동에 따라 정해지는 고유한 선으로 나타낼 수 있다. 이를 그 물체의 세계선이라 하는데 빛보다 느린 모든 물체의 세계선은 $s^2<0$이므로 언제나 원뿔의 안쪽에 있게 된다. 움직이지 않는 물체의 세계선은 세로축, 곧 시간 축에 평행하다. 원뿔의 바깥쪽은 $s^2>0$로서 원점(현재 우리)과 물리적인 신호로 연결되지 않는다. 이른바 인과관계로 연결되지 않으며, 아무런 연관을 맺을 수 없다.

6.14

과제 다음은 오일러의 유명한 공식이다. 임의의 실수 α에 대해서,

$$e^{i\alpha}=\cos\alpha+i\sin\alpha.$$

지수함수, 사인함수, 코사인함수를 멱급수 전개하고 실수부와 허수부의 항들을 정리하고 등식의 양변을 비교함으로써 이 공식을 증명할 수 있다. 시도해 보아라. $\sin(\alpha+\beta)$와 $\cos(\alpha+\beta)$에 대한 삼각함수의 덧셈 공식을 유도하는데 오일러 공식을 사용하여라. 직교좌표를 각 θ로 회전시키는 새로운 공식을 유도하는데 오일러 공식을 사용하여라. 오일러 공식은 α가 복소수일 때도 성립한다. α가 복소수일 때 $\cos\alpha$와 $\sin\alpha$를 정의하는데 이 사실을 사용하여라.

풀이

(1) 지수함수 e^x, 코사인함수 $\cos x$, 사인함수 $\sin x$ 각각의 맥클로린 급수($x=0$에서 테일러 급수) 전개식은 다음과 같다.

$$e^x=1+\frac{x}{1!}+\frac{x^2}{2!}+\frac{x^3}{3!}+\cdots=\sum_{n=0}^{\infty}\frac{x^n}{n!}$$

$$\cos x=1-\frac{x^2}{2!}+\frac{x^4}{4!}-\frac{x^6}{6!}+\cdots=\sum_{n=0}^{\infty}\frac{(-1)^n x^{2n}}{(2n)!}$$

$$\sin x = x - \frac{x^3}{3!} + \frac{x^5}{5!} - \frac{x^7}{7!} + \cdots = \sum_{n=0}^{\infty} \frac{(-1)^n x^{2n+1}}{(2n+1)!}$$

먼저 e^x의 식에 x 대신 ix를 대입하면, $e^{ix} = \sum_{n=0}^{\infty} \frac{(ix)^n}{n!} = \sum_{n=0}^{\infty} \frac{i^n x^n}{n!}$ 이다. 여기서

$$i^{4k+1} = i,\ i^{4k+2} = -1,\ i^{4k+3} = -i,\ i^{4k} = 1$$

을 적용하여 다시 정리하면

$$\begin{aligned} e^{ix} &= \sum_{k=0}^{\infty} \frac{i^{4k}x^{4k}}{(4k)!} + \sum_{k=0}^{\infty} \frac{i^{4k+1}x^{4k+1}}{(4k+1)!} + \sum_{k=0}^{\infty} \frac{i^{4k+2}x^{4k+2}}{(4k+2)!} + \sum_{k=0}^{\infty} \frac{i^{4k+3}x^{4k+3}}{(4k+3)!} \\ &= \sum_{k=0}^{\infty} \frac{x^{4k}}{(4k)!} + \sum_{k=0}^{\infty} \frac{ix^{4k+1}}{(4k+1)!} + \sum_{k=0}^{\infty} \frac{(-1)x^{4k+2}}{(4k+2)!} + \sum_{k=0}^{\infty} \frac{(-i)x^{4k+3}}{(4k+3)!} \\ &= \left(\sum_{k=0}^{\infty} \frac{x^{4k}}{(4k)!} - \sum_{k=0}^{\infty} \frac{x^{4k+2}}{(4k+2)!} \right) + i \left(\sum_{k=0}^{\infty} \frac{x^{4k+1}}{(4k+1)!} - \sum_{k=0}^{\infty} \frac{x^{4k+3}}{(4k+3)!} \right) \\ &= \sum_{k=0}^{\infty} \frac{(-1)^k x^{2k}}{(2k)!} + i \sum_{k=0}^{\infty} \frac{(-1)^k x^{2k+1}}{(2k+1)!} \\ &= \cos x + i \sin x \end{aligned}$$

참고 오일러 공식 $e^{ix} = \cos x + i \sin x$에서 x대신 π를 대입하면 수학자들이 뽑은 가장 아름다운 식인 오일러의 등식 $e^{i\pi} + 1 = 0$이 얻어진다.

(2) 삼각함수의 덧셈정리는 $e^{i(\alpha+\beta)}$와$e^{i\alpha+i\beta}$를 비교하여 얻을 수 있다.

$$\begin{aligned} e^{i(\alpha+\beta)} &= \cos(\alpha+\beta) + i\sin(\alpha+\beta) \\ e^{i(\alpha+\beta)} &= e^{i\alpha+i\beta} = e^{i\alpha}e^{i\beta} \\ &= (\cos\alpha + i\sin\alpha)(\cos\beta + i\sin\beta) \\ &= (\cos\alpha\cos\beta - \sin\alpha\sin\beta) + i(\cos\alpha\sin\beta + \sin\alpha\cos\beta) \end{aligned}$$

에서 두 등식이 같으므로 실수부와 허수부가 서로 같아야 한다. 따라서

$$\begin{aligned} \sin(\alpha+\beta) &= \sin\alpha\cos\beta + \cos\alpha\sin\beta \\ \cos(\alpha+\beta) &= \cos\alpha\cos\beta - \sin\alpha\sin\beta \end{aligned}$$

가 성립한다.

(3) 복소평면에서 한 점 $z=x+iy$와 원점과의 거리를 $r=\sqrt{x^2+y^2}$이라 하고 양의 실수축과 반시계방향으로 이루는 각을 α라 하면 $x=r\cos\alpha$, $y=r\sin\alpha$이다. 복소수는 오일러 공식에 의해 $z=x+iy=re^{i\alpha}$로 표현된다. 즉 복소수 z는 중심이 원점이고 반지름이 r인 원 위의 점이다. 이 점이 반시계방향으로 θ만큼 회전하여 얻어진 복소수를 $w=x'+iy'$라 하면 $w=re^{i(\alpha+\theta)}=r\cos(\alpha+\theta)+i\sin(\alpha+\theta)$이므로

$$x'=r\cos(\alpha+\theta)=r\cos\alpha\cos\theta-r\sin\alpha\sin\theta=\cos\theta x-\sin\theta y$$
$$y'=r\sin(\alpha+\theta)=r\sin\alpha\cos\theta+r\cos\alpha\sin\theta=\sin\theta x+\cos\theta y$$

이다. 이를 행렬로 표현하면

$$\begin{pmatrix} x' \\ y' \end{pmatrix}=\begin{pmatrix} \cos\theta & -\sin\theta \\ \sin\theta & \cos\theta \end{pmatrix}\begin{pmatrix} x \\ y \end{pmatrix}$$

이다.

제 7 장 페르마와 미적분학

7.1 곡선 $f(x)=3x^2-4x+7$의 $x=2$에서의 기울기를 구하여라.

풀이

$f'(x)=6x-4$, $f'(2)=8$이므로 기울기는 8이다.

7.2 곡선 $g(x)=4x^3-x$의 점 $(-2, -30)$에서의 기울기를 구하여라.

풀이

$g'(x)=12x^2-1$, $g'(-2)=47$이므로 기울기는 47이다.

7.3 어떤 떨어지는 물체의 t초 후의 높이가 $p(t)=-16t^2+20t+34$이다. $t=1$일 때의 떨어지는 속도는 얼마인가? 몇 초 후에 지면에 떨어지겠는가? 그때의 속도는 얼마인가?

풀이

$p'(t)=-32t+20$, $p'(1)=-12$이므로 $t=1$일 때의 떨어지는 속도는 -12이다. $p(t)=-16t^2+20t+34=0$에서 물체가 지면에 떨어지는 시간은 $t=\dfrac{5+\sqrt{161}}{8}\approx 2.2$초 후이고, 이때의 속도는

$$\begin{aligned} p'\left(\frac{5+\sqrt{161}}{8}\right) &= -32\times\frac{5+\sqrt{161}}{8}+20=-4(5+\sqrt{161})+20 \\ &= -4\sqrt{161} \end{aligned}$$

이다.

7.4 2번에서 주어진 점에서의 접선의 식을 구하여라.

풀이

$$y+30=47(x+2)$$

7.5 2번에서 주어진 점에서 이 곡선에 수직인 직선의 식을 구하여라. 수직인 두 직선의 기울기의 곱은 -1이다.

풀이

$$y+30=-\frac{1}{47}(x+2)$$

7.6 곡선 $h(x)=-3x^3+6x^2-4x+6$의 극댓값, 극솟값을 모두 구하여라.

풀이

$h'(x)=-9x^2+12x-4=-(3x-2)^2$으로 $h(x)$는 감소함수이므로 극댓값, 극솟값은 없다.

7.7 둘레의 길이가 20인 직사각형의 넓이의 최댓값을 구하여라.

풀이

가로의 길이를 x라고 하면 세로의 길이는 $10-x$이므로 넓이를 $s(x)$라고 하면 $s(x)=x(10-x)$, $s'(x)=-2x+10$, $s'(x)=0$이면 $x=5$. 따라서 넓이의 최댓값은 $s(5)=25$이다.

7.8 그림 7.19와 같이 반지름의 길이가 5인 구에 내접하는 원기둥이 있다. 이 원기둥이 최대의 부피를 가질 때의 값을 구하여라.

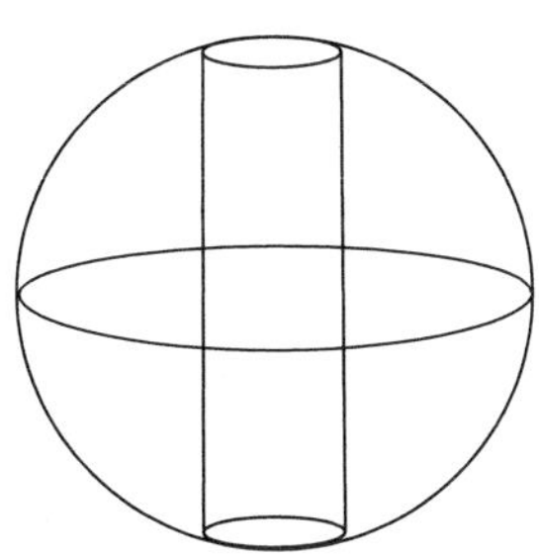

그림 7.19 _ 구에 내접한 원기둥

풀이

그림에서 원기둥의 반지름은 $5\cos\theta$, 높이는 $2\cdot 5\sin\theta$이므로 부피 V는

$$V=\pi\times 5^2\cos^2\theta\times 10\sin\theta=250\pi(\sin\theta-\sin^3\theta)$$
$$V'=250\pi\cos\theta(1-3\sin^2\theta)$$

$V'=0$에서 $\sin\theta=\dfrac{1}{\sqrt{3}}$이므로 구하는 최댓값은 $\dfrac{500\pi}{3\sqrt{3}}$이다.

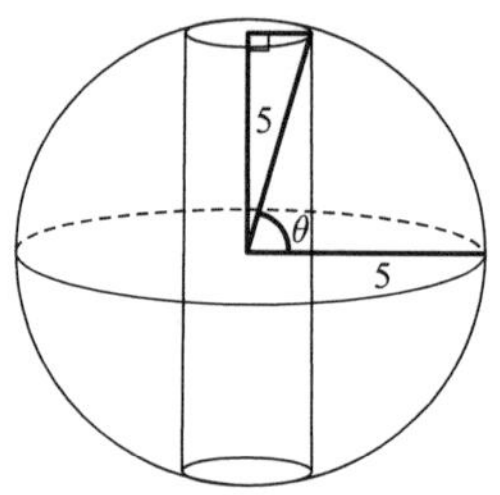

7.9 만약 $x=2$에서의 곡선 $y=\sqrt{4-x^2}$의 접선의 기울기를 구하려고 한다면 난관에 부딪히게 될 것이다. 이것은 무엇을 의미하는가? 위에서 구한 접선의 기울기의 기하학적 의미는 무엇인가? 어떤 계산도 하지 말고 이 질문에 대해 답하여라.

풀이

주어진 곡선인 반원과 x축의 교점인 (2, 0)으로 가까이 갈수록 접선의 기울기의 절댓값은 점점 커진다. 기하학적으로 본다면 $x=2$에서의 접선은 x축에 수직인 선이고, 이러한 선의 기울기는 무한대이다. 따라서 만약 도함수를 구하여 $x=2$에서의 기울기를 계산하려 한다면 불가능한 계산이라는 난관에 부딪히게 된다.

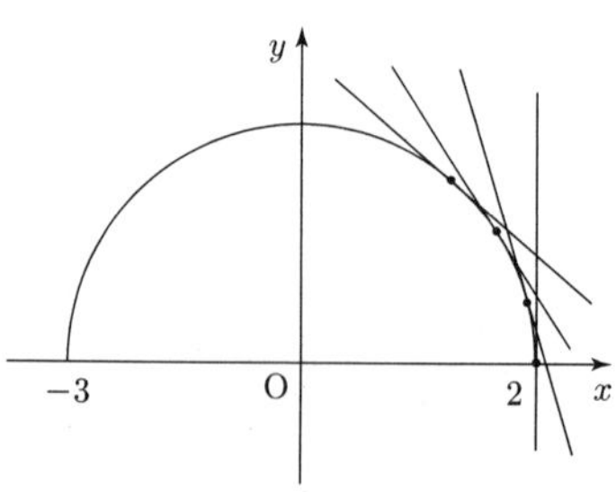

7.10 쏘아올린 화살은 포물선을 그리며 날아간다. t초에서 이 포물선의 높이가

$$h(t) = -16t^2 + 42t + 100$$

이라고 하자. 이 화살의 최대 높이는 얼마인가? 화살이 땅에 떨어지는 것은 몇 초 후인가? 이때의 화살의 속도는 얼마인가?

풀이

$h'(t) = -32t + 42 = 0$에서 높이가 최대일 때의 시간은 $t = \frac{21}{16}$초이므로 최대 높이는 $h\left(\frac{21}{16}\right) \approx 127.6$이다. 화살이 땅에 닿는 시간은 $h(t) = 0$에서 $t \approx 4.1$이고 화살이 땅에 닿는 마지막 속도는 $h'(4.1) = -89.2$이다.

7.11 반지름의 길이가 r인 공의 부피는 $V = \frac{4}{3}\pi r^3$이다. 반지름이 4일 때의 부피의 변화율을 구하여라.

풀이

$\frac{dV}{dr} = 4\pi r^2$이므로 $r = 4$이면 64π이다.

7.12 움직이는 물체의 위치가 시간 t일 때 $p(t) = 4t^3 - 7t^2 + 18t - 5$라고 하자 $(0 \le t \le 4)$. 물체가 최대 속도에 이를 때의 시간은 언제인가?

풀이

$p'(t) = 12t^2 - 14t + 18$, $p''(t) = 24t - 14 = 0$에서 $t = \frac{7}{12}$이다.

7.13 **과제** 미분가능한 함수 $y = f(x)$에 대하여 f의 정의역 안에 $x = c$가 있으면 c에서의 함수 f의 그래프의 접선은 기울기가 $f'(c)$이고 점 $(c, f(c))$를 지나는 직선이다. 왜 점 $(c, f(c))$에서의 접선이 점 $(c, f(c))$에서 곡선에 가장 좋은 근사

를 나타내는 선인지 설명하여라. 이 설명은 다음 두 가지를 포함해야 한다. (i) '가장 좋은 근사를 나타내는 선'에 대한 엄격한 정의가 무엇인지 밝히고 (ii) 접선이 (i)의 엄격한 정의를 만족시키는 것을 증명한다.

풀이

접점에서 곡선을 직선으로 대체시킬 때 곡선과 가장 가까운 직선을 접선으로 한다. 이런 의미에서 접선은 접점에서 곡선에 대한 가장 좋은 근사를 나타낸다고 할 수 있다.

일반적으로 곡선은 직선이 아니므로 기울기를 말할 수 없다. 곡선 $f(x)$의 미분 $f'(x)$, 즉 $\dfrac{dy}{dx}$는 점 $(x,\ f(x))$에서의 기울기가 되므로 접점 $(x_0,\ f(x_0))$에서의 접선 $y-f(x_0)=f'(x_0)(x-x_0)$는 이 접점에서 곡선 $f(x)$에 대한 가장 좋은 근사를 나타내는 선이 된다.

7.14 **과제** 19세기 고전적인 수학자가 한 실수 중 하나는 만약 $f_1,\ f_2,\ \cdots$가 구간 $(a,\ b)$에서 미분가능하다면, 합 $f(x)=\sum_{j=1}^{\infty}f_j(x)$도 또한 구간 $(a,\ b)$에서 미분가능하다고 가정한 것이었다. 이 주장이 잘못된 것임을 보여주는 예를 찾아보아라. f_j가 어떤 조건을 만족하면 이 주장이 참이 되겠는가?

풀이

$f_j(x)=\dfrac{x^2}{(1+x^2)^j}$라고 하면 $f_1,\ f_2,\ \cdots$는 미분가능한 함수이다. 그런데 $x\neq 0$일 때 $f(x)=\sum_{j=1}^{\infty}f_j(x)=1$이고 $x=0$일 때는 $f(x)=\sum_{j=1}^{\infty}f_j(x)=0$으로 $f(x)$는 연속이 아니므로 미분가능하지 않다.

일반적으로 $f_1,\ f_2,\ \cdots$가 구간 $(a,\ b)$ 위에서 미분가능한 함수이고 $f(x)=\sum_{j=1}^{\infty}f_j(x)$가 균등수렴하면 $f(x)=\sum_{j=1}^{\infty}f_j(x)$는 연속이다. 또, 구간 $(a,\ b)$에서 $f_1,\ f_2,\ \cdots$의 도함수가 모두 연속이고 $\sum_{j=1}^{\infty}f'_j(x)$가 균등수렴하면 $\dfrac{d}{dx}\left(\sum_{j=1}^{\infty}f_j(x)\right)=\sum_{j=1}^{\infty}f'_j(x)$이다.

7.15 **과제** f가 구간 $(a,\ b)$에서 미분가능한 함수이고 f'을 f의 도함수라 하자. 구간 $(a,\ b)$의 각 점에서 f'는 연속이 될 것인가? 왜 그런가? 혹은 왜 그렇지 않은가? f'이 가질 수 있는 불연속의 유형은 무엇인가?

풀이

함수 f가 구간 $(a,\ b)$에서 미분가능하더라도 도함수 $f'(x)$는 연속이 아닌 경우도 있다. 도함수 $f'(x)$가 구간 안의 집합 A에서 연속이 되는 필요충분조건은 A가 G_δ 형태로 조밀할 경우이다.

제 8 장 위대한 뉴턴

8.1 다음 부정적분을 구하여라.

(a) $\int e^{x^2}2xdx$ (b) $\int \frac{\ln x}{x}dx$

(c) $\int [\sin e^x]e^x dx$ (d) $\int \frac{[\sin(\ln x)][\cos(\ln x)]}{x}dx$

풀이

(a) $\int e^{x^2}2xdx = \int e^t dt = e^t + C = e^{x^2} + C\ (t = x^2)$

(b) $\int \frac{\ln x}{x}dx = \int tdt = \frac{1}{2}t^2 + C = \frac{1}{2}(\ln x)^2 + C\ (t = \ln x)$

(c) $\int [\sin e^x]e^x dx = \int \sin tdt = -\cos t + C = -\cos e^x + C\ (t = e^x)$

(d) $\int \frac{[\sin(\ln x)][\cos(\ln x)]}{x}dx = \int tdt = \frac{1}{2}t^2 + C$

$$= \frac{1}{2}\sin^2(\ln x) + C\ (t = \sin(\ln x))$$

8.2 함수 $\varphi(x) = e^{-x^2}$은 확률과 통계에서 매우 중요하다. 이것은 정규분포(Gaussian distribution)로 알려져 있다. $\Phi' = \varphi$인 함수 Φ를 갖기 때문에 유용하다. 그러나 이런 원시함수 Φ의 식을 명확하게 구하는 것은 사실 불가능하다. 대신 Φ가 왜 존재하는지를 설명하고, 이 함수의 식을 가능한 형태로 구하여라.

풀이

확률밀도함수는 x축에는 확률변수의 값을, y측에는 확률변수가 갖는 일정 구간 값이 나타날 확률을 표현한 곡선이다. 그러므로 확률밀도함수는 확률변수 x가 갖는 값의 범위에 따라 좁게 밀집되거나 넓게 흩어진 정도를 확률로 나타낸 함수이다. 따라서 확률밀도함수 $f(x)$는 확률을 생성하는 함수로서 다음과 같은 특성이 있다.

(1) $P(-\infty \le x \le \infty) = \int_{-\infty}^{\infty} f(x)dx = 1$: 확률밀도함수 아래에 있는 전체 넓이는 1이다.

(2) $P(a \le x \le b) = \int_a^b f(x)dx$: 확률변수 x가 일정한 구간 안에 값을 갖게 될 확률은 그 구간 내의 곡선 아래 넓이와 같다.

(3) $0 \le f(x) \le 1$: 확률밀도함수는 확률을 생성한다.

특히 확률변수 x가 평균이 μ이고 분산이 σ^2인 정규분포를 따른다면, 정규분포의 확률밀도함수는

$$f(x) = \frac{1}{\sqrt{2\pi\sigma}} e^{-\frac{(x-\mu)^2}{2\sigma^2}}$$

으로 주어진다. 특히 $\mu = 0$, $\sigma = 1$일 때, $f(x) = \frac{1}{\sqrt{2\pi}} e^{-\frac{x^2}{2}}$을 표준정규분포의 확률밀도함수라 한다. 확률밀도함수의 성질 (1)로부터

$$\int_{-\infty}^{\infty} \frac{1}{\sqrt{2\pi}} e^{-\frac{x^2}{2}} dx = 1 \quad \text{또는} \quad \int_{-\infty}^{\infty} e^{-\frac{x^2}{2}} dx = \sqrt{2\pi}$$

임을 알 수 있다. $\frac{x}{\sqrt{2}} = t$로 치환하면 $dx = \sqrt{2}\,dt$이므로 $\int_{-\infty}^{\infty} e^{-x^2} dt = \sqrt{\pi}$이다. 또한 $\lim_{x \to \pm\infty} e^{-x^2} = 0$이고 $e^{-(-x)^2} = e^{-x^2}$이므로 $\varphi(x) = e^{-x^2}$의 그래프는 종 모양으로 x축에 한없이 접근하며 y축에 대칭이다. 그러므로 $\int_0^{\infty} e^{-x^2} dt = \lim_{x \to \infty} \int_0^x e^{-t^2} dt = \frac{\sqrt{\pi}}{2}$이다. 여기서

$$\Phi(x) = \int_0^x e^{-t^2} dt$$

으로 놓으면 $\Phi(x)$는 미분가능한 함수이고 정적분의 기본정리로부터

$$\frac{d}{dx}\Phi(x) = \frac{d}{dx}\int_0^x e^{-t^2} dt = e^{-x^2} = \varphi(x)$$

이다.

8.3 다음 식은 성립하지 않는다.

$$\int f(x) \cdot g(x)dx = \left[\int f(x)dx\right] \cdot \left[\int g(x)dx\right]$$

위 식이 성립하지 않는 예를 들어보아라. 그러나 부분적분이라고 알려진 다음 식은 성립한다.

$$\int f(x)g'(x)dx = f(x)g(x) - \int g(x)f'(x)dx \qquad (\dagger)$$

이 식이 성립함을 함수 $f(x) = x^2$, $g(x) = x^3$에 대하여 보여라. 또 위 식을 이용하여 $\int x \sin x dx$를 계산하여라.

풀이

(1) $\int x^5 dx = \frac{1}{6}x^6 + C$ 이지만

$$\left(\int x^2 dx\right)\left(\int x^3 dx\right) = \left(\frac{1}{3}x^3 + C_1\right)\left(\frac{1}{4}x^4 + C_2\right) \neq \frac{1}{6}x^6 + C$$

(2) $\int f(x)g'(x)dx = \int x^2(3x^2)dx = \int 3x^4 dx = \frac{3}{5}x^5 + C$

$$\begin{aligned} f(x)g(x) - \int f'(x)g(x)dx &= x^2x^3 - \int (2x)x^3 dx \\ &= x^5 - \int 2x^4 dx \\ &= x^5 - \frac{2}{5}x^5 + C \\ &= \frac{3}{5}x^5 + C \end{aligned}$$

(3)
$$\begin{aligned} \int x \sin x dx &= x(-\cos x) - \int 1(-\cos x)dx \\ &= -x \cos x + \int \cos x dx \\ &= -x \cos x + \sin x + C \end{aligned}$$

8.4 문제 3에서 주어진 부분적분을 이용하여 $\int \ln x dx$를 계산하여라. $f(x) = \ln x$, $g(x) = 1$로 놓고 적분한다.

풀이

$f(x) = \ln x,\ g'(x) = 1$로 놓고 적분한다.

$$\int \ln x dx = x \ln x - \int x(\ln x)' dx = x \ln x - \int x \frac{1}{x} dx = x \ln x - x + C$$

8.5 궁수가 높이가 5피트인 곳에서 초속 75피트로 화살을 쏘았다. 화살은 궁수로부터 200피트 날아가서 땅에 떨어졌다. 궁수가 화살을 쏠 때의 각도를 구하여라.

풀이

xy평면의 원점에 궁수가 서 있다고 하자. 5피트 높이에서 궁수가 θ의 각도로 초속 $v = 75$피트/초로 공중으로 화살을 쏘았다. 시간 t초 후 수평 방향(등속운동)으로 화살이 움직인 거리는

$$x = (v \cos \theta)t = (75 \cos \theta)t(\text{피트}) \qquad \cdots(*)$$

이다. 반면에 수직 방향(등가속도 운동)으로 화살이 움직인 거리는

$$y = -\frac{1}{2}gt^2 + (v \sin \theta)t + 5 = -16t^2 + (75 \sin \theta)t + 5(\text{피트}) \qquad \cdots(**)$$

이다. 화살은 궁수로부터 200피트 날아가서 땅에 떨어졌으므로, $(75 \cos \theta)t = 200$일 때 멈춘다. 즉 시간 $t = \frac{8}{3}\sec\theta$에서 화살의 운동이 멈춘다. 그때 높이는 0이다.

$$0 = -16\left(\frac{8}{3}\sec\theta\right)^2 + (75 \sin \theta)\left(\frac{8}{3}\sec\theta\right) + 5$$

$$1024 \tan^2\theta - 1800 \tan \theta + 45 = 0$$

$\tan \theta$에 대한 이차방정식으로 볼 때, 근의 공식을 이용하여 이 방정식을 $\tan \theta$에 대해서 풀면

$$\tan \theta = \frac{1800 \pm \sqrt{(1800)^2 - 4 \times 1024 \times 45}}{2 \times 1024} = \frac{1800 \pm \sqrt{3055680}}{2 \times 1024} \fallingdotseq \sqrt{3}$$

을 얻는다. 따라서 대략 $\theta = \frac{\pi}{3} = 60°$의 각도로 쏘았다.

8.6 100피트 높이의 창문에서 떨어뜨린 물체가 바닥에 초속 100피트의 속도로 부딪혔다. 물체를 떨어뜨린 높이를 구하여라.

풀이

이 풀이에서는 공기의 저항을 무시하자. 낙하 후 시간 t에서의 속도 v와 거리 d는

$$v = v_0 + gt,\ d = \int (v_0 + gt)dt = v_0 t + \frac{1}{2}gt^2$$

이다. 먼저 바닥에 도달하는 시간을 계산하면 $100 = 0 + 32t$에서 $t = \frac{100}{32}$이다. 따라서 물체를 떨어뜨린 높이는 $\frac{1}{2}32\left(\frac{100}{32}\right)^2 = \frac{625}{4} \fallingdotseq 156.25$(피트)이다. 즉, 창문 바닥에서 56.25(피트) 높이에서 물체를 떨어뜨렸다.

8.7 조크라는 행성의 지표면 가까이에서 떨어지는 물체의 가속도가 55피트/sec^2이다. 초속 100피트로 연직으로 던져 올려졌다면 올라간 높이는 얼마인가? 또, 지표면에 떨어진 것은 몇 초 후인가?

풀이

t초 후에 속도와 올라간 높이는 각각 $v(t) = 100 - 55t$와 $h(t) = -\frac{1}{2}(55)t^2 + 100t$이다. 최고 높이에서 $v(t) = 0$이므로, 즉 $t = \frac{100}{55} = \frac{20}{11}$초에 최고 높이

$$\begin{aligned} h\left(\frac{20}{11}\right) &= -\frac{1}{2}(55)\left(\frac{20}{11}\right)^2 + 100\frac{20}{11} = \frac{2000}{11} - \frac{22000}{242} \\ &= \frac{44000 - 22000}{242} = \frac{22000}{242} \fallingdotseq 90.91 \end{aligned}$$

에 도달한다. 지표면에 떨어진 시간은 $2\times\frac{20}{11}=\frac{40}{11}$초 후이다.

8.8 $\int\frac{\cos x}{\sin x}dx$를 계산하여라.

풀이

$$\int\frac{\cos x}{\sin x}dx=\int\frac{(\sin x)'}{\sin x}dx=\ln|\sin x|+C$$

8.9 **과제** 사이클로이드에 대한 본문의 글을 읽고, 사이클로이드에 대한 매개변수 식을 구하여라.

풀이

사이클로이드는 직선 위로 원을 굴렸을 때 원 위의 정점이 그리는 곡선이다. 중심이 $(0, r)$이고 반지름이 r인 원을 x축 위로 굴렸을 때 원점과 겹치는 점이 그리는 곡선의 방정식은 원이 각도 t만큼 굴렀을 때, $x=r(t-\sin t)$, $y=r(1-\cos t)$이다.

8.10 **과제** 함수

$$F(x)=\int_{x^2}^{x^3}\sin(\ln t)dt$$

의 도함수를 구하여라.

풀이

$$\frac{d}{dx}F(x)=\frac{d}{dx}\int_{x^2}^{x^3}\sin(\ln t)dt=\sin(\ln x^3)(3x^2)-\sin(\ln x^2)(2x)$$

8.11 과제 평면에서 극좌표를 다루었던 경험으로부터 직교적분과 그에 대응하는 극적분 사이의 관계가

$$dxdy = rdrd\theta$$

로 주어짐을 알고 있다. 좌표변환

$$x = r\cos\theta$$
$$y = r\sin\theta$$

에 대한 야코비 행렬이

$$\mathfrak{J} = \begin{pmatrix} \dfrac{\partial x}{\partial r} & \dfrac{\partial x}{\partial \theta} \\ \dfrac{\partial y}{\partial r} & \dfrac{\partial y}{\partial \theta} \end{pmatrix} = \begin{pmatrix} \cos\theta & -r\sin\theta \\ \sin\theta & r\cos\theta \end{pmatrix}$$

로 주어지기 때문이다. 다음을 주목하자.

$$\det \mathfrak{J} = r$$

$f(x,\ y)$가 직교좌표에서 주어진 함수인 경우에 극좌표에서 대응하는 함수를 $\tilde{f}(r,\ \theta)$로 놓자. 치환을 하면

$$\iint f(x,\ y)dxdy = \iint \tilde{f}(r,\ \theta)\det \mathfrak{J}drd\theta = \iint \tilde{f}(r,\ \theta)rdrd\theta$$

이다. 일반적으로 $\Phi : U \to V$가 $\Phi(x,\ y) = (\varphi_1(x,\ y),\ \varphi_2(x,\ y))$로 주어지는 좌표 변환인 경우

$$\iint_V f(\tilde{x},\ \tilde{y})d\tilde{x}d\tilde{y} = \iint_U f \circ \Phi(x,\ y)\det \mathfrak{J}(x,\ y)dxdy \qquad (\bigstar)$$

여기서

$$\mathfrak{J} = \begin{pmatrix} \dfrac{\partial \varphi_1}{\partial x} & \dfrac{\partial \varphi_1}{\partial y} \\ \dfrac{\partial \varphi_2}{\partial x} & \dfrac{\partial \varphi_2}{\partial y} \end{pmatrix}$$

$\mathfrak{J}$를 사상 Φ에 대한 야코비 행렬이라 부른다. 먼저 Φ가 선형일 때 변환공식(★)이 성립함을 설명하여라. 또 부드러운 선형사상 Φ를 선형사상으로 근사시켜 일반적인 경우에도 변환공식(★)이 성립함을 설명하여라.

풀이

$\tilde{x}\tilde{y}$-평면에 주어진 영역 V에서 이중적분 $\iint_V f(\tilde{x}, \tilde{y})d\tilde{x}d\tilde{y}$를 변환

$$\Phi : U \to V, \quad \Phi(x, y) = (\tilde{x} = \varphi_1(x, y), \tilde{y} = \varphi_2(x, y))$$

에 의해서 xy-평면에 주어진 영역 $U = \Phi^{-1}(V)$에서 이중적분으로 변환하여 계산하면 쉬울 때가 있다. 여기서 Φ는 $\mathbb{C}^1$ 변환이다. 즉, φ_1, φ_2는 연속이고 연속인 1계 편도함수를 갖는다. 이때 변환 Φ에 의해서 넓이의 변화가 일어나는데, 그 과정을 설명하면 다음과 같다.

xy평면에 주어진 영역 U를 직사각형 U_{ij}로 쪼개고 U_{ij}의 넓이를 삼각형 A라 하자. $\tilde{x}\tilde{y}$평면에서 $\Phi(U_{ij}) = V_{ij}$라 하고 V_{ij}의 넓이를 구해보자. 직사각형 U_{ij}의 꼭짓점 중 한 점을 (x_0, y_0)라 하고 $\Phi(x_0, y_0) = (\widetilde{x_0}, \widetilde{y_0})$라 하자. 직사각형 U_{ij}의 밑변의 방정식은 $y = y_0$이고 이것의 Φ에 의한 상은 곡선 $\Phi(x, y_0)$이다. $(\widetilde{x_0}, \widetilde{y_0})$에서 곡선 $\Phi(x, y_0)$의 접선벡터는 $\frac{\partial \Phi}{\partial x} = \left(\frac{\partial}{\partial x}\varphi_1(x_0, y_0), \frac{\partial}{\partial x}\varphi_2(x_0, y_0)\right)$이다. 마찬가지로 $(\widetilde{x_0}, \widetilde{y_0})$에서 직사각형 U_{ij}의 왼쪽 변(즉, $x = x_0$)의 Φ에 의한 상(즉, 곡선 $\Phi(x_0, y)$)의 접선벡터는 $\frac{\partial \Phi}{\partial y} = \left(\frac{\partial}{\partial y}\varphi_1(x_0, y_0), \frac{\partial}{\partial y}\varphi_2(x_0, y_0)\right)$이다. 한편, 영역 $V_{ij} = \Phi(U_{ij})$의 넓이는 할선벡터

$$\vec{a} = \Phi(x_0 + \triangle x, y_0) - \Phi(x_0, y_0), \quad \vec{b} = \Phi(x_0, y_0 + \triangle y) - \Phi(x_0, y_0)$$

에 의해 평행사변형으로 근사시킬 수 있다. 그런데 편미분의 정의에 의해

$$\vec{a} = \Phi(x_0 + \triangle x, y_0) - \Phi(x_0, y_0) \approx \triangle x \frac{\partial \Phi}{\partial x}$$

$$\vec{b} = \Phi(x_0, y_0 + \triangle y) - \Phi(x_0, y_0) \approx \triangle y \frac{\partial \Phi}{\partial y}$$

이므로 영역 $V_{ij}=\Phi(U_{ij})$의 넓이는 두 벡터 $\Delta x\dfrac{\partial\Phi}{\partial x}$, $\Delta y\dfrac{\partial\Phi}{\partial y}$로 이루어진 평행사변형의 넓이

$$\left|\Delta x\frac{\partial\Phi}{\partial x}\times\Delta y\frac{\partial\Phi}{\partial y}\right|=\left|\frac{\partial\Phi}{\partial x}\times\frac{\partial\Phi}{\partial y}\right|\Delta x\Delta y$$

로 근사된다. 여기서

$$\begin{aligned}\frac{\partial\Phi}{\partial x}\times\frac{\partial\Phi}{\partial y}&=\begin{vmatrix}\vec{i} & \vec{j} & \vec{k}\\ \dfrac{\partial\varphi_1}{\partial x} & \dfrac{\partial\varphi_2}{\partial x} & 0\\ \dfrac{\partial\varphi_1}{\partial y} & \dfrac{\partial\varphi_2}{\partial y} & 0\end{vmatrix}\\ &=\begin{vmatrix}\dfrac{\partial\varphi_1}{\partial x} & \dfrac{\partial\varphi_2}{\partial x}\\ \dfrac{\partial\varphi_1}{\partial y} & \dfrac{\partial\varphi_2}{\partial y}\end{vmatrix}\vec{k}=\begin{vmatrix}\dfrac{\partial\varphi_1}{\partial x} & \dfrac{\partial\varphi_1}{\partial y}\\ \dfrac{\partial\varphi_2}{\partial x} & \dfrac{\partial\varphi_2}{\partial y}\end{vmatrix}\vec{k}\\ &=\det(J)\vec{k}\end{aligned}$$

$$J=\begin{pmatrix}\dfrac{\partial\varphi_1}{\partial x} & \dfrac{\partial\varphi_1}{\partial y}\\ \dfrac{\partial\varphi_2}{\partial x} & \dfrac{\partial\varphi_2}{\partial y}\end{pmatrix}\ (\Phi\text{의 야코비 행렬})$$

따라서 이중적분의 정의에 의해 다음의 등식을 얻는다.

$$\begin{aligned}\iint_V f(\tilde{x},\ \tilde{y})d\tilde{x}d\tilde{y}&=\lim_{n,m\to\infty}\sum_{i=1}^{m}\sum_{j=1}^{n}f(\tilde{x}_i,\ \tilde{y}_j)\Delta A\\ &=\lim_{n,m\to\infty}\sum_{i=1}^{m}\sum_{j=1}^{n}f(\varphi_1(x_i,\ y_j),\ \varphi_2(x_i,\ y_j))|\det(J)|\Delta x\Delta y\\ &=\iint_U f(\varphi_1(x_i,\ y_j),\ \varphi_2(x_i,\ y_j))|\det(J)|dxdy\end{aligned}$$

제 9 장 복소수와 대수의 기본정리

9.1 다항식 $p(z) = z^3 - 5z - 2z^2 + 6$의 근 3개를 모두 구하여라.

풀이

$$-2,\ 1,\ 3$$

9.2 다항식 $q(z) = z^3 - 3z^2 + z - 3$의 근 3개를 모두 구하여라(복소수인 근도 있다).

풀이

$$3,\ \pm i$$

9.3 다항식 $q(z) = z^3 - 6z^2 + 13z - 20$이 있다. $1 - 2i$가 근임을 보이고 근 3개를 모두 구하여라. 이 중 2개는 복소수이다. 한 개의 근이 복소수이면 이것의 켤레복소수도 근이다. 즉, $a,\ b \in \mathbb{R}$ 일 때 한 개의 근이 $a + ib$이면 또 다른 근은 $a - ib$의 꼴이다.

풀이

또 하나의 근은 $1 + 2i$이므로 $\{z - (1 - 2i)\}\{z - (1 + 2i)\}(z - a) = z^3 - 6z^2 + 13z - 20$이 성립한다. 이로부터 $(z^2 - 2z + 5)(z - a) = z^3 - 6z^2 + 13z - 20$이므로 $a = 4$이다. 따라서 세 근은 $4,\ 1 \pm 2i$이다.

9.4 복소수 $\alpha = a + bi$가 실수계수 다항식

$$p(z) = a_0 + a_1 z + a_2 z^2 + \cdots + a_k z^k$$

의 근이라고 하자. $\overline{\alpha} = a - bi$도 다항식 p의 근임을 밝혀라. $\overline{\alpha}$를 α의 켤레복소수라고 한다.

풀이

α가 k차 방정식의 근이면 $a_n \alpha^n + a_{n-1} \alpha^{n-1} + \cdots + a_0 = 0$이므로 양변에 켤레를 취하면

$$\overline{a_n\alpha^n + a_{n-1}\alpha^{n-1} + \cdots + a_0} = \overline{0}$$

이 성립한다. 그런데 계수 a_i는 실수이므로

$$a_n\overline{\alpha^n} + a_{n-1}\overline{\alpha^{n-1}} + \cdots + a_0 = 0.$$

그런데 복소수 z_1, z_2에 대하여

$\overline{z_1 z_2} = \overline{z_1}\,\overline{z_2}$, 즉 $(\overline{z})^2 = \overline{z^2}$이므로 $a_n(\overline{\alpha})^n + a_{n-1}(\overline{\alpha})^{n-1} + \cdots + a_0 = 0.$

따라서 $\overline{\alpha}$도 근이다.

9.5 $\beta = 1+i$, $\beta' = \beta^2$, $\beta'' = \beta^3$이라고 하자. β, β', β''을 세 근으로 하는 삼차다항식 p를 찾아라.

풀이

$\beta = 1+i$, $\beta' = 2i$, $\beta'' = -2+2i$이므로 $p = a(z-1-i)(z-2i)(z+2-2i)$이다. 단, a는 0이 아닌 복소수이다.

9.6 다항식 $q(z) = z^5 - z^4 - 13z^3 + 23z^2 - 14z + 24$는 삼차다항식과 이차다항식의 곱으로 인수분해된다. 인수분해를 하고 가능한 근을 모두 찾아라.

풀이

$q(z) = (z^2+1)(z^3 - z^2 - 14z + 24) = (z-i)(z+i)(z-3)(z-2)(z+4)$에서 다항식 $q(z)$의 근은 $\pm i$, 3, 2, -4이다.

9.7 다항식 $z^3 - 1$의 근은 1의 세제곱근이다. 이 세 개의 수를 구하고 각각의 세제곱이 1이 됨을 보여라.

풀이

$z^3-1=(z-1)(z^2+z+1)=(z-1)\left(z-\dfrac{-1\pm\sqrt{3}\,i}{2}\right)$이므로 세 근은 1, $\dfrac{-1\pm\sqrt{3}\,i}{2}$이다.

9.8 다항식 $p(z)=32z^3+20z^2-11z+1$의 세 유리근을 모두 구하여라.

풀이

$p(z)=(z+1)(4z-1)(8z-1)$이므로 세 근은 -1, $\dfrac{1}{4}$, $\dfrac{1}{8}$이다.

9.9 복소수 $\dfrac{1}{3-7i}$을 $a+ib$의 꼴로 나타내어라.

풀이

$$\frac{3}{58}+\frac{7}{58}i$$

9.10 복소수 $\alpha=\dfrac{3-2i}{4+7i}$를 $a+ib$의 꼴로 나타내어라.

풀이

$$\alpha=\frac{3-2i}{4+7i}=\frac{(3-2i)(4-7i)}{(4+7i)(4-7i)}=\frac{12-14-8i-21i}{16+49}=-\frac{2}{65}-\frac{29}{65}i$$

9.11 다항식 $p(z)=z^3+(1-i)z^2+(2i-1)z+(i+3)$의 근을 모두 구하여라.

풀이

$p(z)=(z-i)(z^2+z-1+3i)$에서 근은 i, $\dfrac{-1+(5-12i)^{\frac{1}{2}}}{2}$이다.

9.12 다항식 $q(z)=z^3+(1-3i)z^2+(-8-2i)z+(-1+6i)$는 복소수 $z=i$를 중근으로 갖는다. 이 의미를 설명하고 그 의미가 참임을 증명하여라.

풀이

다항식 $q(z)$가 복소수 $z=i$를 중근으로 갖는다면, $q(z)=(z-i)^2(z+\alpha)$ $(\alpha\in\mathbb{C})$의 형태이기 때문에 반드시 $q(i)=0$이 되어야 한다.

$$\begin{aligned} q(i) &= i^3+(1-3i)i^2+(-8-2i)i+(-1+6i) \\ &= -i-1+3i-8i+2-1+6i=0 \end{aligned}$$

9.13 다항식 z^5+1의 복소근을 모두 구하여라.

풀이

$$z^5=-1,\quad z=-1^{\frac{1}{5}},\quad \left\{e^{\frac{(-\pi+2\pi k)}{5}i}\,\middle|\,0\le k\le 4\right\}$$

9.14 다음이 사실인지 밝혀라.

α가 복소수이면 $\beta^2=\alpha$인 복소수 β가 있다.

α가 주어지면 β를 찾는 방법을 제시할 수 있는가? 이 문제에 대해서 토론하여라. 이 문제를 풀기 위해 컴퓨터를 이용할 수 있는가? β는 유일한가? 아니면 β는 얼마나 많이 있는가?

풀이

$\alpha=a+bi$, $\beta=p+qi$라고 하면 $(p+qi)^2=a+bi$이므로

$$p^2-q^2=a,\ 2pq=b$$

$b\neq 0$이므로 $p\neq 0$이다.
$q=\dfrac{b}{2p}$를 $p^2-q^2=a$에 대입하면

$$4p^4 - 4ap^2 - b^2 = 0$$

$$p^2 = \frac{a + \sqrt{a^2 + b^2}}{2}$$

$$p = \sqrt{\frac{a + \sqrt{a^2 + b^2}}{2}}$$

$$q = \frac{b}{2p}$$

$$= \frac{b}{\sqrt{2}} \cdot \frac{\sqrt{-a + \sqrt{a^2 + b^2}}}{|b|}$$

을 얻는다.

따라서

$$\beta = \pm\left(\sqrt{\frac{a + \sqrt{a^2 + b^2}}{2}} + \mathrm{sgn}(b)\sqrt{\frac{-a + \sqrt{a^2 + b^2}}{2}}\, i\right),$$

단, sgn(b)는 b의 부호를 말한다.

9.15 과제 복소수 $\alpha = 1 + i$의 모든 세제곱근을 구하여라. 이들 세 수를 평면 위에 나타내어라(아르강 다이어그램).

풀이

$$(1+i)^{\frac{1}{3}} = e^{\frac{1}{3}\log(1+i)} = e^{\frac{1}{3}[\ln\sqrt{2} + i(\frac{\pi}{4} + 2k\pi)]}$$

$$= e^{\frac{1}{3}\ln\sqrt{2} + i(\frac{\pi}{12} + \frac{2}{3}k\pi)} \quad (k = 0, \pm 1, \pm 2, \cdots)$$

$$= e^{\frac{1}{3}\ln\sqrt{2}}\left[\cos\left(\frac{\pi}{12} + \frac{2}{3}k\pi\right) + i\sin\left(\frac{\pi}{12} + \frac{2}{3}k\pi\right)\right]$$

$$= \sqrt[6]{2}\left[\cos\left(\frac{\pi}{12} + \frac{2}{3}k\pi\right) + i\sin\left(\frac{\pi}{12} + \frac{2}{3}k\pi\right)\right]$$

따라서 $k = 0$이면 $\sqrt[6]{2}\left[\cos\frac{\pi}{12} + i\sin\frac{\pi}{12}\right]$

$$k=1\text{이면 } \sqrt[6]{2}\left[\cos\frac{9\pi}{12}+i\sin\frac{9\pi}{12}\right]$$

$$k=2\text{이면 } \sqrt[6]{2}\left[\cos\frac{17\pi}{12}+i\sin\frac{17\pi}{12}\right]$$

이다.

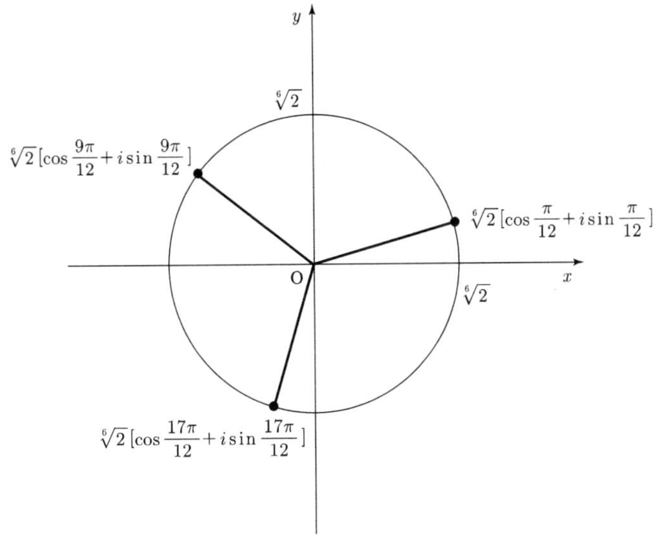

9.16 **과제** p를 차수가 k인 다항식이라 하자. $\alpha_1,\ \alpha_2,\ \cdots,\ \alpha_k$를 p의 복소근(중복된 근 포함)이라 하자. Γ는 복소평면에서 이들 근을 포함하는 가장 작은 볼록다각형이라 하자. 그러면 Γ는 도함수 p'의 근들을 포함한다. 왜 그런지 설명하여라.

풀이

$p(z)=\alpha\prod_{i=1}^{k}(z-\alpha_i)$라고 하면 $p(z)$은 $\alpha_1,\ \alpha_2,\ \cdots,\ \alpha_k$를 복소근으로 하고 최고차항의 계수가 α인 k차 다항식이다.

이제 z을 $p(z)\neq 0$인 임의의 복소수라고 하면

$$\frac{p'(z)}{p(z)}=\sum_{i=1}^{k}\frac{1}{z-\alpha_i}=\sum_{i=1}^{k}\frac{\overline{z}-\overline{\alpha_i}}{|z-\alpha_i|^2}$$

이제 z이 p'의 근인 경우를 생각하면

$$\frac{p'(z)}{p(z)} = \sum_{i=1}^{k} \frac{\overline{z} - \overline{\alpha_i}}{|z - \alpha_i|^2} = 0$$

이 식을 다시 쓰면

$$\left(\sum_{i=1}^{k} \frac{1}{|z-\alpha_i|^2}\right)\overline{z} = \sum_{i=1}^{k} \frac{1}{|z-\alpha_i|^2}\overline{\alpha_i}$$

$$\left(\sum_{i=1}^{k} \frac{1}{|z-\alpha_i|^2}\right)z = \sum_{i=1}^{k} \frac{1}{|z-\alpha_i|^2}\alpha_i$$

이로부터 $z = \dfrac{\displaystyle\sum_{i=1}^{k} \frac{1}{|z-\alpha_i|^2}\alpha_i}{\left(\displaystyle\sum_{i=1}^{k} \frac{1}{|z-\alpha_i|^2}\right)}$를 얻는데, 이것은 z이 α_1, α_2, $\cdots$, α_k을 잇는 볼록다각형 내부의 점임을 뜻한다. (n개의 점 x_1, x_2, $\cdots$, x_n에 대하여 $a_1x_1 + a_2x_2 + \cdots + a_nx_n$ (단, 실수 $a_i \geq 0$, $a_1 + a_2 + \cdots + a_n = 1$)은 n개의 점 x_1, x_2, $\cdots$, x_n을 잇는 볼록다각형의 내부를 뜻한다.) 특별히, 두 점 x_1, x_2에서 위의 관계가 성립하면 $a_1x_1 + a_2x_2$는 두 점 x_1, x_2을 잇는 선분 사이에 있는 점이다.

9.17 **과제** 다항식 p의 모든 근이 실수라고 가정하면, 이 다항식의 계수에 대해 무엇을 이야기할 수 있는가?

풀이

다항식 $a_nx_n + a_{n-1}x_{n-1} + \cdots + a_1x + a_0$의 근이 모두 실수이고 그 근을 x_1, x_2, $\cdots$, x_n (x_i는 서로 같을 수 있다. $i = 1$, 2, $\cdots$, n)이라고 하면

$$a_nx_n + a_{n-1}x_{n-1} + \cdots + a_1x + a_0 = a_n(x - x_1)(x - x_2)\cdots(x - x_n)$$

이므로 모든 계수도 실수이다.

한편, 실수인 근의 값은 계수와 n에 의해서 정해지는 구간 안에 포함된다. 구간의 양 끝값은

$$-\frac{a_{n-1}}{na_n} \pm \frac{n-1}{na_n}\sqrt{a_{n-1}^2 - \frac{2n}{n-1}a_n a_{n-1}}$$

임이 증명되어 있다.

제10장 수학의 왕자 가우스

10.1 52장 한 벌 카드를 가지고 포커 게임을 한다고 가정하자. 5장의 카드를 받았다. 원 페어(즉, 2장의 카드가 무늬는 다르고, 숫자가 같을 때)가 될 확률을 구하여라.

풀이

원 페어란 두 장의 카드가 숫자가 같은 경우이다. 우선 A, 2, …, 10, J, Q, K(13장)에서 하나의 수를 선택하는 방법의 수는 ${}_{13}C_1$이다. 이 수는 4가지 모양이 존재하므로 4가지 모양의 같은 숫자 카드에서 2장을 선택하는 방법의 수는 ${}_4C_2$이다. 이제 나머지 12종류의 숫자에서 3개의 숫자를 선택해야 하므로 ${}_{12}C_3$의 경우가 필요하고, 각각의 3개의 숫자마다 4가지 모양이 존재하므로 각각 ${}_4C_1$의 경우의 수를 가진다. 즉, 정리하면,

$$P(\text{원 페어}) = \frac{\binom{13}{1}\binom{4}{2}\binom{12}{3}\binom{4}{1}^3}{\binom{52}{5}} = 42.2569\%$$

10.2 52장 한 벌 카드를 가지고 포커 게임을 한다고 가정하자. 5장의 카드를 받았다. 스트레이트(즉, 모두 같은 무늬가 아닌 5장의 카드의 숫자가 연속될 때)가 될 확률을 구하여라.

풀이

스트레이트란 연속된 5장의 숫자를 의미한다. A2345부터 10JQKA까지만을 인정한다. 그러므로 A부터 10까지의 숫자 중에서 하나를 고르면, 나머지 4장의 숫자는 자동으로 구해지게 되는 셈이다. 다만, 각각의 카드는 4가지 모양을 가질 수 있다. 다만, 여기서 스트레이트 플러시의 경우의 수는 빼준다.

$$P(\text{스트레이트}) = \frac{\binom{10}{1}\binom{4}{1}^5 - \binom{10}{1}\binom{4}{1}}{\binom{52}{5}} = 0.3925\%$$

10.3 농부가 양배추를 시장에 가져간다. 그는 양배추가 몇 개인지 모른다. 하지만 양배추를 7개씩 바구니에 넣으면 3개가 남고, 5개씩 바구니에 넣으면 2개가 남고, 11개씩 바구니에 넣으면 10개가 남는다는 사실은 알고 있다. 양배추가 100개를 넘지 않을 때, 양배추의 개수를 구하여라.

풀이

양배추의 개수를 x라 하면 $1 \le x \le 100$이고 연립합동식 $\begin{cases} x \equiv 3 & \pmod 7 \\ x \equiv 2 & \pmod 5 \\ x \equiv 10 & \pmod{11} \end{cases}$

을 만족한다. 중국인의 나머지 정리의 풀이 방법으로 해를 구해보면 다음과 같다.

$n_1 = 7,\ n_2 = 5,\ n_3 = 11$이라 하면

$$\begin{aligned} &385 = n = n_1 n_2 n_3 = n_1 N_1 = n_2 N_2 = n_3 N_3 \\ &N_1 = 55,\ N_2 = 77,\ N_3 = 35 \\ &55 t_1 \equiv 1 \pmod 7 \Rightarrow t_1 = -1 \\ &77 t_2 \equiv 1 \pmod 5 \Rightarrow t_2 = -2 \\ &35 t_3 \equiv 1 \pmod{11} \Rightarrow t_3 = 6 \\ &N_1 t_1 = -55,\ N_2 t_2 = -154,\ N_3 t_3 = 210 \end{aligned}$$

따라서 연립합동식의 해는

$$\begin{aligned} x &= (3)(55)(-1) + (2)(77)(-2) + (10)(35)(6) \\ &= 2100 - 165 - 308 = 1627 \equiv 87 \pmod{385} \end{aligned}$$

이다. 따라서 양배추는 87개이다.

10.4 $(a+b)^{50}$의 전개식에서 $a^{43}b^7$와 $a^{16}b^{34}$의 계수를 각각 구하여라.

풀이

이항정리를 이용하면 $(a+b)^{50} = \sum_{k=0}^{50} \binom{50}{k} a^k b^{50-k}$에서 $a^{43}b^7$와 $a^{16}b^{34}$의 계

수는 각각 $\binom{50}{43}=\binom{50}{7}$과 $\binom{50}{16}$이다.

10.5 파스칼 삼각형에서 50이 나타나는 행은 몇째 행인가? 왜 그런가?

풀이

파스칼의 삼각형의 그림을 약간 변형하여 그리면 다음과 같다.

구분	0열	1열	2열	3열	4열	5열	6열	7열	8열	…
0행	1									
1행	1	1								
2행	1	2	1							
3행	1	3	3	1						
4행	1	4	6	4	1					
5행	1	5	10	10	5	1				
6행	1	6	15	20	15	6	1			
7행	1	7	21	35	35	21	7	1		
8행	1	8	28	56	70	56	28	8	1	
⋮	⋮	⋮	⋮	⋮	⋮	⋮	⋮	⋮	⋮	⋱

각 열을 살펴보면

(1) 0열은 모든 수가 1이므로 50은 나타나지 않는다.

(2) $i(=1,\ 2,\ 3,\ \cdots)$번째 열의 수열의 일반항을 $b_n^{(i)}$라 하면, 계차수열 관계로부터 다음과 같다.

$$b_n^{(0)}=1,\ b_n^{(i)}=b_1^{(i)}+\sum_{k=1}^{n-1}b_{k+1}^{(i-1)}\ (i=1,\ 2,\ 3,\ \cdots)$$

즉,

$$b_n^{(1)}=b_1^{(1)}+\sum_{k=1}^{n-1}b_{k+1}^{(0)}=1+\sum_{k=1}^{n-1}1=1+(n-1)=n=\binom{n}{1}$$

$$b_n^{(2)}=b_1^{(2)}+\sum_{k=1}^{n-1}b_{k+1}^{(1)}=1+\sum_{k=1}^{n-1}(k+1)=1+\frac{(n-1)n}{2}+(n-1)$$

$$= \frac{n(n+1)}{2} = \binom{n+1}{2}$$

$$b_n^{(3)} = b_1^{(3)} + \sum_{k=1}^{n-1} b_{k+1}^{(2)} = 1 + \sum_{k=1}^{n-1} \frac{(k+1)(k+2)}{2} = \frac{n(n+1)(n+2)}{6}$$

$$= \binom{n+2}{3}$$

…

$$b_n^{(i)} = \binom{n+i-1}{i} = \binom{n+i-1}{n-1}$$

여기서 $b_n^{(i)}$는 $(n+i-1)$행 i열 혹은 $(n+i-1)$행 $(n-1)$열에 있는 수이다. 즉, n행 k열의 수를 a_{nk}라 하면 $a_{nk} = b_{n-k+1}^{(k)} = \binom{n}{k}$이다.

(3) $50 = \binom{n}{1}$을 만족하는 자연수 n은 50이므로 $50 = b_{50}^{(1)} = a_{501}$, 즉 50은 50행 1열과 50행 49열에서 나타난다.

(4) $\frac{n(n+1)}{2} = 50$을 만족하는 자연수 n은 존재하지 않기 때문에 50은 2열에 나타나지 않는다. 따라서 3열, 4열, … 등에서 나타나지 않는다.

10.6 원 $x^2 + y^2 = 25$ 위에 가우스 정수는 몇 개가 있는가? 원 위에 4개의 가우스 정수가 있고, 중심이 원점이고 반지름이 최소인 원은 무엇인가?

풀이

12개 존재한다. 즉, ± 5, $(\pm 5)i$, $\pm 3 + (\pm 4)i$, $\pm 4 + (\pm 3)i$은 원 $x^2 + y^2 = 25$ 위에 있는 가우스 정수 $x + iy$ (x, y는 정수)들이다. 왜냐하면, 이들은 $|x+iy| = \sqrt{x^2+y^2} = \sqrt{25} = 5$를 만족하기 때문이다.

한편, 단위원 $x^2 + y^2 = 1$ 위에는 4개의 가우스 정수 ± 1, $\pm i$만 존재한다.

10.7 $\bmod 3$, 5, 7, 9에 대하여 2와 같은 가장 작은 양의 정수는 무엇인가?

풀이

이 문제는 연립합동식

$$x \equiv 2 \pmod 3,\ x \equiv 2 \pmod 5,\ x \equiv 2 \pmod 7,\ x \equiv 2 \pmod 9$$

의 해 중에서 가장 작은 양수 x를 구하는 문제이다. 먼저 세 수 3, 5, 7이 서로소이므로, 처음 3개의 연립합동식을 중국인의 나머지 정리를 이용하여 풀자. 그 풀이는 다음과 같다.

$n_1 = 3,\ n_2 = 5,\ n_3 = 7$이라 하면

$$105 = n = n_1 n_2 n_3 = n_1 N_1 = n_2 N_2 = n_3 N_3$$
$$N_1 = 35,\ N_2 = 21,\ N_3 = 15$$
$$35t_1 \equiv 1 \pmod 3 \Rightarrow t_1 = -1$$
$$21t_2 \equiv 1 \pmod 5 \Rightarrow t_2 = 1$$
$$15t_3 \equiv 1 \pmod 7 \Rightarrow t_3 = 1$$
$$N_1 t_1 = -35,\ N_2 t_2 = 21,\ N_3 t_3 = 15$$
$$\begin{aligned} x &= (2)(35)(-1) + (2)(21)(1) + (2)(15)(1) \\ &= -70 + 42 + 30 = 2 \pmod{105} \end{aligned}$$

이다. 마지막으로 $x = 105k + 2\ (k = 0,\ \pm 1,\ \pm 2,\ \cdots)$ 중에서 9로 나누어 나머지가 2인 가장 작은 양의 정수는 2를 제외하면 107이다.

10.8 수 1, 2, 3, 4, 5에 대해 순열의 수를 구하여라. 수 1, 2, 3, 4, 5에 대해 처음 두 자리에는 짝수 2와 4가 오도록 하는 순열의 수를 구하여라.

풀이

수 1, 2, 3, 4, 5에 대한 순열의 수는 $5! = 120$이다. 그리고 처음 두 자리에 짝수 2와 4가 오는 경우는 24***와 42***인 두 가지 경우이고 여기서 *** 은 수 1, 3, 5를 나열하는 수열의 수와 같다. 따라서 $2 \times 3! = 12$이다.

10.9 수 1, 2, 3, 4, 5에 대해 짝수와 홀수가 교대로 나오도록 하는 순열의 수를 구하여라.

풀이

짝수는 2개, 홀수는 3개이므로 짝홀짝홀홀의 경우는 문제의 답이 될 수 없다. 먼저 짝수 2와 4를 배열하고 나서 사이사이에 홀수를 넣으면 된다. 즉 *2*4* 혹은 *4*2* 형태이다. 여기서 *를 배열하는 순열의 수는 $3! = 6$이다. 따라서 $2 \times 3! = 12$이다.

10.10 **과제** 모든 가우스 정수의 제곱근이 가우스 정수인 것은 아니다. 수 $2i$의 제곱근은 가우스 정수이다. 이유를 설명하여라. 그러나 수 $1+i$는 그렇지 않다. 이유를 설명하여라. 가우스 정수의 제곱근이 언제 가우스 정수인지 알 수 있는 간단한 조건을 생각할 수 있는가?

풀이

먼저 $(a+ib)^2 = (a^2 - b^2) + (2ab)i = 2i \Leftrightarrow \begin{cases} a^2 = b^2 \\ ab = 1 \end{cases}$을 만족하는 정수 $a = b = \pm 1$이 존재하므로 $2i$의 제곱근은 가우스 정수인 $\pm 1 + (\pm 1)i$이다. 하지만

$$(a+ib)^2 = (a^2 - b^2) + (2ab)i = 1 + i \Leftrightarrow \begin{cases} a^2 - b^2 = 1 \\ 2ab = 1 \end{cases}$$

을 만족하는 정수 a, b는 존재하지 않으므로 $1+i$의 제곱근은 가우스 정수가 아니다.

10.11 **과제** 항아리 속에는 100개의 흰 구슬과 100개의 검은 구슬이 들어 있다. (눈을 감고) 무작위로 5개의 구슬을 뽑는다. 검은 구슬이 적어도 2개 나올 확률은 얼마인가? 모두 검은 구슬일 확률은 얼마인가? 적어도 1개가 검은 구슬일 확률은 얼마인가?

풀이

$$\frac{\binom{100}{2}\binom{100}{3}+\binom{100}{3}\binom{100}{2}+\binom{100}{4}\binom{100}{1}+\binom{100}{5}\binom{100}{0}}{\binom{200}{5}},$$

$$\frac{\binom{100}{5}\binom{100}{0}}{\binom{200}{5}},\ 1-\frac{\binom{100}{5}\binom{100}{0}}{\binom{200}{5}}$$

10.12 과제 일반화된 이항정리를 사용하여 $(1+i)^{\sqrt{2}}$의 값을 소수점 아래 3자리까지 정확히 구하여라.

풀이

$$\begin{aligned}(1+i)^{\sqrt{2}} &= \sum_{k=0}^{\infty}\binom{\sqrt{2}}{k}1^{\sqrt{2}-k}i^k \\ &= \sum_{k=0}^{\infty}\binom{\sqrt{2}}{k}i^k \\ &= \binom{\sqrt{2}}{0}+\binom{\sqrt{2}}{1}i+\binom{\sqrt{2}}{2}i^2+\binom{\sqrt{2}}{3}i^3+\binom{\sqrt{2}}{4}i^4+\cdots \\ &= \left\{\binom{\sqrt{2}}{0}-\binom{\sqrt{2}}{2}+\binom{\sqrt{2}}{4}+\cdots\right\}+i\left\{\binom{\sqrt{2}}{1}-\binom{\sqrt{2}}{3}+\binom{\sqrt{2}}{5}+\cdots\right\}\end{aligned}$$

$$\binom{\sqrt{2}}{0}=1$$

$$\binom{\sqrt{2}}{1}=\sqrt{2}\fallingdotseq 1.4142$$

$$\binom{\sqrt{2}}{2}=\frac{\sqrt{2}(\sqrt{2}-1)}{2}\fallingdotseq 0.2929$$

$$\binom{\sqrt{2}}{3}=\frac{\sqrt{2}(\sqrt{2}-1)(\sqrt{2}-2)}{6}\fallingdotseq -0.0572$$

$$\binom{\sqrt{2}}{4}=\frac{\sqrt{2}(\sqrt{2}-1)(\sqrt{2}-2)(\sqrt{2}-3)}{24}\fallingdotseq 0.0227$$

$$\binom{\sqrt{2}}{5}=\frac{\sqrt{2}(\sqrt{2}-1)(\sqrt{2}-2)(\sqrt{2}-3)(\sqrt{2}-4)}{120}\fallingdotseq -0.0117$$

$\cdots$

$$(1+i)^{\sqrt{2}} \fallingdotseq \{1-0.2929+0.0227\}+i\{1.4142+0.0572-0.0117\}$$
$$\fallingdotseq 0.730+1.460i$$

제11장 소피 제르맹과 페르마의 마지막 정리

11.1 다음에 대하여 토론하여라.

a, b, c가 페르마 방정식 $x^{18}+y^{18}=z^{18}$의 근이면 방정식 $x^9+y^9=z^9$, $x^6+y^6=z^6$, $x^3+y^3=z^3$은 근을 갖는다.

풀이

$a^{18}+b^{18}=c^{18}$이 성립하면 $(a^2)^9+(b^2)^9=(c^2)^9$, $(a^3)^6+(b^3)^6=(c^3)^6$, $(a^6)^3+(b^6)^3=(c^6)^3$도 모두 성립한다.

11.2 디오판토스 방정식은 정수해를 갖는 다항방정식이다. 2000년 전에 이런 형태의 방정식의 근에 관심을 가졌던 디오판토스의 이름을 따서 지어졌다. 피타고라스 방정식 $x^2+y^2=z^2$는 디오판토스 방정식의 한 예이다. 또 다른 예는

$$2x+y^2=z^2 \qquad (*)$$

방정식 (*)의 근은 몇 개인가? 무한히 많은가? 이 문제를 토론하여라.

풀이

1장에서 $u>v$인 두 정수에 대하여 $2uv$, u^2-v^2, u^2+v^2은 피타고라스의 세 수가 됨을 알았다. 즉, $(2uv)^2+(u^2-v^2)^2=(u^2+v^2)^2$이 성립한다. 따라서 $2x=(2uv)^2$에서 $x=2u^2v^2$, $y=u^2-v^2$, $z=u^2+v^2$이라고 하면 방정식 (*)의 근은 무한히 많이 존재한다.

다른 풀이 : $2x=(z-y)(z+y)$에서 다음 두 가지 경우로 나누어 볼 수 있다.
첫째, $z-y=2$인 경우, $2x=2(z+y)=2(2+2y)$에서

$$y=\frac{x-2}{2},\quad z=y+2$$

둘째, $z+y=2$인 경우, $2x=2(z-y)=2(2-2y)$에서

$$y=\frac{-x+2}{2},\quad z=-y+2$$

따라서 x가 짝수인 경우 방정식 (*)의 근은 무한히 많이 존재한다.

11.3 용어에 대해서는 문제 2 참조. 가장 유명한 디오판토스 방정식 중 하나는 펠 방정식이다. 이 방정식의 형태는

$$x^2 - dy^2 = 1$$

이다. 아이디어는 정수 값 d를 고정하고 해 $x,\ y$를 찾는 것이다. 여기서는 d가 완전제곱수일 때 $x,\ y$를 구해보자. 이 문제를 토론하여라. 어떤 자연수 n에 대하여 $d = n^2$이라 하면 펠 방정식은

$$x^2 - n^2y^2 = 1$$

이 된다. 좌변을 인수분해하면

$$(x - ny)(x + ny) = 1$$

이 된다. 이제 두 정수의 곱이 1이 될 유일한 방법은 그들 모두 1이거나 -1이다. 즉

$$x - ny = x + ny$$

가 성립한다. 이것으로부터 $ny = 0$이고 $x^2 = 1$이다. 따라서 $x = \pm 1$이다. 따라서 문제는 해결되었고 해는 자명하다.

풀이

펠 방정식에서 d가 완전제곱수일 때 즉, 어떤 자연수 n에 대하여 $d = n^2$이라 하면

$$x^2 - n^2y^2 = 1$$

이 된다. 이 식을 만족하는 $x,\ y$의 값은 책의 설명과 같이 인수분해를 이용하여 쉽게 구할 수 있다.

11.4 문제 3에서 d가 완전제곱수일 때, 펠 방정식 $x^2 - dy^2 = 1$의 풀이는 흥미를 끌지 않음을 알았다. 다른 경우를 조사해보자. $d = 5$인 펠 방정식을 생각하자. $x = 9,\ y = 4$가 해가 됨을 확인하여라. 또한 $x = 161$일 때 해가 존재하는 경우

가 발생한다. 그 해를 찾을 수 있는가? 또한 $x=2889$일 때, $x=51841$일 때, $x=930248$일 때 해가 존재한다. 해를 찾는데 컴퓨터를 사용하여라. 이제 $d=7$에 대한 펠 방정식을 조사하자. $x=8$일 때, $x=127$일 때 해가 존재한다. 해를 찾을 수 있는지 보여라.

풀이

$x=9,\ y=4$는 방정식 $x^2-5y^2=1$을 만족하므로 해가 된다. 또 다른 해를 찾기 위해서는 인수분해를 이용하면 된다.
$x^2-5y^2=1$에서 $(x-\sqrt{5}\,y)(x+\sqrt{5}\,y)=1$이다. $x=9,\ y=4$가 해이므로 다음 식을 얻는다.

$$(9-4\sqrt{5})(9+4\sqrt{5})=1$$

위 식의 양변을 제곱하면

$$(9-4\sqrt{5})^2(9+4\sqrt{5})^2=1^2$$
$$(161-72\sqrt{5})(161+72\sqrt{5})=1$$

이로부터 식 $161^2-72^2\times 5=1$을 얻어 $x=161,\ y=72$가 또 다른 해임을 알 수 있다.
이 과정을 반복하면 나머지 해도 구할 수 있다.
펠 방정식 $x^2-7y^2=1$의 첫 번째 해 $x=8,\ y=3$으로부터 다음 식을 얻는다.

$$(8-3\sqrt{7})(8+3\sqrt{7})=1$$

위 식의 양변을 제곱하여 또 다른 해도 구할 수 있다.

11.5 워링 문제(궁극적으로 1909년 힐베르트에 의해 해결됨)는 모든 양의 정수는 최대 4개의 완전제곱수의 합으로 쓸 수 있다는 것이다. 예를 들면, $22=4^2+2^2+1^2+1^2$. 2장 문제 9에서 이 문제를 논의하였다. 서로 다른 2가지 워링 분해(최대 4개의 완전제곱수의 합으로 분해)를 갖는 양의 정수를 구하여라. 서로 다

른 3가지 워링 분해를 갖는 양의 정수를 찾을 수 있는가?

풀이

$$22=4^2+2^2+1^2+1^2,\ 22=3^2+3^2+2^2$$

$$28=4^2+2^2+2^2+2^2,\ 28=3^2+3^2+3^2+1^2,\ 28=5^2+1^2+1^2+1^2$$

11.6

1964년에 J. M. 간디는 디오판토스 방정식

$$x^5+y^5=2z^5$$

은 $x=y$ 또는 $x=-y$일 때만 해를 갖는다고 제안했다. 항상 이 조건에서 해가 존재하는 이유를 설명하여라. 방정식 $x^3+y^3=2z^3$에 대해서는 어떠한가?

풀이

$x=y$이면 $x^5+x^5=2z^5$, $x^5=z^5$에서 $x=z$, 즉 $x=y=z$인 모든 정수가 해가 된다.

$x=-y$이면 $x^5+(-x)^5=2z^5$, $0=2z^5$에서 $x=-y$, $z=0$인 모든 정수가 해가 된다.

마찬가지 방법으로 방정식 $x^3+y^3=2z^3$도 $x=y$ 또는 $x=-y$일 때는 해를 갖는다.

11.7

디오판토스 방정식

$$x^2+xy+y^2=z^2 \tag{*}$$

을 생각하자. $x=-7$, $y=15$, $z=13$이 해가 됨을 확인하여라. 만약 방정식 (*)가 하나의 해를 가지면 방정식 (*)는 무한히 많은 해를 갖는다는 것이 알려졌다. 방정식 (*)의 또 다른 해를 구할 수 있는가?

풀이

a, b, c가 방정식 (*)의 해라면 $a^2+ab+b^2=c^2$가 성립한다. 그러면 정수

n에 대하여

$$(na)^2+(na)(nb)+(nb)^2=n^2[a^2+ab+b^2]=n^2c^2=(nc)^2$$

이 성립하므로 na, nb, nc도 방정식 (*)의 해가 된다. 따라서 방정식 (*)는 무한히 많은 해를 갖는다.

11.8 페르마의 마지막 문제에 대한 앤드류 와일스의 증명은 지수 n이 2보다 큰 정수일 때 디오판토스 방정식

$$x^n+y^n=z^n$$

은 정수해 x, y, z를 가지지 않는다고 주장하는 것이다. 특히, 방정식

$$x^3+y^3=z^3$$

은 정수해를 가지지 않는다. 그러나 방정식을 거의 성립하게 하는 유사해가 있다. 예를 들면, 등식

$$3086^3+21588^3=21609^3$$

의 좌우변은 차가 1이다. 계산을 수행하고 이것이 무엇을 의미하는지 설명하여라. 이제 양의 정수 u에 대하여 방정식

$$(9u^3+1)^3+(9u^4)^3=(9u^4+3u)^3+1$$

을 증명하여라. 이것이 왜 지수가 3인 페르마 방정식에 대해 무한히 많은 유사해를 생성하는지 설명하여라.

풀이

임의의 양의 정수 u에 대하여 등식 $(9u^3+1)^3+(9u^4)^3=(9u^4+3u)^3+1$이 성립하므로 이 방정식에 대한 무한히 많은 유사 해가 존재한다.

11.9 텔레비전 프로그램인 심슨의 6번째 시즌 '공포의 트리하우스'에는 페르마의 마

지막 정리에 대한 다음과 같은 반례가 방송되었다.

TI-83 계산기로

$$[1782^{12} + 1841^{12}]^{1/12}$$

을 계산하여라. 1922라는 답을 얻을 것이다. 따라서

$$1782^{12} + 1841^{12} = 1922^{12}$$

겉보기에 이 식은 지수 12를 갖는 페르마 방정식이 해를 갖지 않는다는 것에 모순이다. [좌변은 짝수와 홀수의 합이고, 반면에 우변은 명백히 짝수이다. 따라서 뭔가 이상하다.]

이 예는 큰 수를 다룰 때 왜 계산기를 주의해서 사용해야 하는지 보여준다. — 계산기는 한정된 자릿수만큼만 수를 처리하기 때문에 보여주는 결과는 반올림된 것이다. 이런 상황이 벌어진 원인은 반올림으로 인한 오차이다. 이 문제를 토의하여라.

풀이

계산기에는 표시되는 자리수가 한정되어 있으므로 반올림에 주의해야 한다.

11.10 펠 방정식(문제 3과 문제 4 참조)의 변형은

$$x^2 - dy^2 = -4 \tag{*}$$

이다. $d = 8$일 때 방정식(*)을 만족하는 해가 있음을 보여라. $d = 20$ 혹은 $d = 40$일 때 해를 구할 수 있는가? 펠 방정식

$$x^2 - dy^2 = -1$$

은 이 경우에 해가 없음이 밝혀졌다. 이 사실을 토론하여라.

풀이

(1) $x = 2$, $y = 1$은 $x^2 - 8y^2 = -4$의 해이다. $x^2 - 8y^2 = 1$의 해 $x = 3$, $y = 1$을 이용하면 $x^2 - 8y^2 = -4$의 해를 계속 구할 수 있다.

$(x_n - y_n\sqrt{8})(x_n + y_n\sqrt{8}) = -4$, $(a_1 - b_1\sqrt{8})(a_1 + b_1\sqrt{8}) = 1$이라고 할 때 두 식을 변끼리 곱해도 우변은 계속 -4이므로

$$(x_n - y_n\sqrt{8})(x_n + y_n\sqrt{8})(a_1 - b_1\sqrt{8})(a_1 + b_1\sqrt{8}) = -4$$

$$[(a_1x_n + 8b_1y_n) - (x_nb_1 + y_na_1)\sqrt{8}][(a_1x_n + 8b_1y_n) + (x_nb_1 + y_na_1)\sqrt{8}] = -4$$

이다. 여기서 $x_{n+1} = a_1x_n + 8b_1y_n$, $y_{n+1} = x_nb_1 + y_na_1$이라고 하면 $x^2 - 8y^2 = -4$의 해 x_n, y_n을 계속 구할 수 있다.

$x = 4$, $y = 1$은 $x^2 - 20y^2 = -4$의 해이다. $x = 6$, $y = 1$은 $x^2 - 40y^2 = -4$의 해이다. 이들 방정식의 해도 $x^2 - 20y^2 = 1$, $x^2 - 40y^2 = 1$의 해를 이용하여 계속 구할 수 있다.

(2) $x^2 - 8y^2 = -1$에서 우변은 $-1 \equiv 3 \pmod 4$이나 좌변은 x가 짝수일 때는 $0 \pmod 4$이고 x가 홀수일 때는 $1 \pmod 4$이므로 해가 없다.

11.11 **과제** p가 소수이고 $2p+1$이 소수일 때, 소수 p를 소피 제르맹 소수라 부른다. 처음 10개의 소피 제르맹 소수를 열거하여라. 소피 제르맹 소수가 무한히 많이 존재하는지 아직 알려지지 않았다. 알려진 가장 큰 소피 제르맹 소수는 51910 자릿수이다. 1825년에 소피 제르맹은 페르마의 마지막 정리(방정식 $x^n + y^n = z^n$은 정수해를 가지지 않는다)는 지수 n이 소피 제르맹 소수일 때는 참임을 증명하였다.

3보다 큰 소피 제르맹 소수 p는 $6k-1$ 또는 $p = 5 \bmod 6$의 형태인데, 소수 $2p+1$도 마찬가지이다. 이 주장을 증명하여라. 3보다 큰 소수 p에 대한 또 다른 형태는 $6k+1$ 또는 $p = 1 \bmod 6$이고 이때 3은 $2p+1$을 나눈다. 따라서 그와 같은 소수 p는 소피 제르맹 소수가 될 수 없다. 이 주장을 역시 증명하여라.

풀이

처음 10개의 소피 제르맹 소수는 2, 3, 5, 11, 23, 29, 41, 53, 83, 89이다.
3보다 큰 소피 제르맹 소수 p에 대하여 양의 정수 k가 있어 소수 $p = 6k - 1$이면 $2p+1 = 2(6k-1)+1 = 6(2k)-1$이다.

양의 정수 k가 있어 소수 $p=6k+1$이면 $2p+1=2(6k+1)+1=3(4k+1)$이므로 $2p+1$은 소수가 아니다. 따라서 p는 소피 제르맹 소수가 될 수 없다.

11.12 **과제** 소피 제르맹은 $x^5+y^5=z^5$이면 x, y, z 중 하나는 반드시 5로 나누어짐을 증명하였다. 이것은 문제 11에서 논의한 결과의 특별한 경우이다. 100보다 작은 모든 x, y, z에 대하여 이 주장을 확인하여라.

풀이

소피 제르맹이 증명한 것을 다른 말로 하면 "$x^5+y^5=z^5$이면 xyz은 5로 나누어진다."이다. 엑셀 등 컴퓨터 프로그램을 이용하면 100보다 작은 수에 대해서 확인할 수 있다.

11.13 **과제** 소피 제르맹의 등식

$$x^4+4y^4=(x^2+2y^2+2xy)(x^2+2y^2-2xy)$$

를 증명하여라. 이 등식이 페르마의 마지막 정리와의 관련성을 설명하여라.

풀이

$$\begin{aligned} x^4+4y^4 &= (x^2)^2+(2y^2)^2+2x^2(2y^2)-2x^2(2y^2) \\ &= (x^2+2y^2)^2-(2xy)^2 \\ &= (x^2+2y^2+2xy)(x^2+2y^2-2xy) \end{aligned}$$

페르마의 마지막 정리를 증명할 때 매우 많은 식을 인수분해하고, 어떤 식이 소수인지 판별해야 한다. 소피 제르맹의 등식은 이러한 과정에서 식을 인수분해할 때 유용하게 사용된다. 예를 들어, 자연수 n에 대하여 n^4+4^n이 소수가 되는 필요충분조건은 $n=1$일 때뿐이라는 정리는 위 식을 이용하여 다음과 같이 사용된다.

n이 짝수이면 n^4+4^n은 소수가 아니다.

n이 홀수이면 $n=2k+1$이라고 하자. 그러면

$$n^4+4^n=n^4+4^{2k+1}=n^4+4(2^k)^4$$
$$=(n^2-n2^{k+1}+2^{2k+1})(n^2+n2^{k+1}+2^{2k+1})$$

에서 $n>1$이면 괄호 속의 두 수는 1보다 커서 n^4+4^n은 소수가 아니고 $n=1$이면 $1^4+4^1=5$는 소수이다.

제12장 코시와 해석학의 기초

12.1 두 유리수의 곱은 항상 유리수이다. 그러나 두 무리수의 곱은 무리수가 아닐 수도 있다. 두 가지 경우를 설명하고 적당한 예를 들어라.

풀이

유리수의 집합은 곱셈에 닫혀 있다. 그러나 무리수의 집합 I은 곱셈에 닫혀 있지 않다. 예를 들면, $\sqrt{2}\times\sqrt{2}=2\not\in I$.

12.2 두 유리수의 합은 항상 유리수이다. 그러나 두 무리수의 합은 무리수가 아닐 수도 있다. 두 가지 경우를 설명하고 적당한 예를 들어라.

풀이

유리수의 집합은 덧셈에 닫혀 있다. 그러나 무리수의 집합 I은 덧셈에 닫혀 있지 않다. 예를 들면, $\sqrt{2}+(-\sqrt{2})=0\not\in I$.

12.3 두 유리수의 나눗셈의 결과는 항상 유리수이다. 그러나 두 무리수의 나눗셈의 결과는 무리수가 아닐 수도 있다. 두 가지 경우를 설명하고 적당한 예를 들어라.

풀이

유리수의 집합은 나눗셈에 닫혀 있다. 단, 0으로 나누는 것은 제외한다. 그러나 무리수의 집합 I은 나눗셈에 닫혀 있지 않다. 예를 들면, $\frac{\sqrt{2}}{\sqrt{2}}=1\not\in I$.

12.4 유리수와 무리수의 합이 무리수임을 증명하여라.

풀이

a는 유리수, b는 무리수라고 하자. $a+b$가 유리수라 가정하면, 유리수 c가 존재하여 $c=a+b$이다. 양변에서 유리수 a를 빼면 $c-a=b$이다. $c-a$는 유리수(유리수는 뺄셈에 닫혀 있다)이고, a는 무리수이다. 이것은 모순이다. 그러므로 $a+b$는 무리수이다.

12.5 0이 아닌 유리수와 무리수의 곱이 무리수임을 증명하여라.

풀이

a는 0이 아닌 유리수, b는 무리수라고 하자. ab가 유리수라 가정하면, 유리수 c가 존재하여 $c=ab$이다. 양변을 0이 아닌 유리수 a로 나누면 $\frac{c}{a}=b$이다. $\frac{c}{a}$는 유리수(유리수는 나눗셈에 닫혀 있다)이고, a는 무리수이다. 이것은 모순이다. 그러므로 ab는 무리수이다.

12.6 양의 정수가 유리수 제곱근을 가지면, 실제로 양의 정수는 정수 제곱근을 갖는다는 것을 가우스의 보조정리라고 한다. 이것을 설명하여라.

풀이

양의 정수n의 제곱근이 유리수 $\frac{a}{b}$(단, a, b는서로소)라고 하자. 그러면 $\frac{a^2}{b^2}=n$ 혹은 $a^2=nb^2$이다. nb^2의 소인수분해에서 나오는 소수들은 a^2의 소인수분해에서도 나와야 하기 때문에

$$n=(p_1p_2\cdots p_s)^2 \text{ (단, } p_i\text{는 소수이고 중복될 수 있다.)}$$

으로 표현되어야 한다. 즉 n은 정수의 제곱이므로 이 수의 제곱근도 정수이다.

12.7 유리수의 제곱근은 무리수가 될 수 있다. 예를 들어라. 무리수의 제곱근은 유리수가 될 수 있는가?

풀이

간단히 예를 들면, 2(유리수)의 제곱근을 x라 하면 $x^2=2$이다. 따라서 $x=\pm\sqrt{2}$(무리수)이다. 무리수 a의 제곱근을 x(유리수)라 하면 $x^2=a$이다. x^2은 유리수이고 a는 무리수이므로 이 식은 모순이다. 따라서 무리수의 제곱근은 유리수가 될 수 없다.

12.8 $x^2 = \sin x$를 만족하는 $x > 0$가 존재함을 보여라.

풀이

$f(x) = x^2 - \sin x$라 놓으면, 폐구간 $\left[\frac{\pi}{4}, \pi\right]$에서 연속이고

$$f\left(\frac{\pi}{4}\right)f(\pi) = \left(\frac{\pi^2}{16} - \frac{\sqrt{2}}{2}\right)(\pi^2 - 0) < 0$$

이므로 중간값의 정리에 의해 $f(c) = 0$, 즉 $c^2 = \sin c$을 만족하는 c가 구간 $\left(\frac{\pi}{4}, \pi\right)$ 사이에 적어도 하나 존재한다.

12.9 정의역과 치역이 $[0, 1]$인 연속함수 f가 있다고 하자. $f(c) = c$를 만족하는 점 $c \in [0, 1]$이 존재함을 보여라. [도움말 : 함수 $g(x) = f(x) - x$를 생각하고 적절한 방식으로 중간값의 정리를 적용한다.]

풀이

모든 점 $c \in [0, 1]$에 대하여 $f(c) \neq c$라고 가정하자. 그러면 $f(0) > 0$이고 $f(1) < 1$이다. 이제 $g(x) = x - f(x)$라 두면 $g(x)$는 $[0, 1]$에서 연속함수이고,

$$g(0)g(1) = (0 - f(0))(1 - f(1)) < 0$$

이므로 중간값의 정리에 의해 $g(c) = 0$을 만족하는 c가 $[0, 1]$에 존재한다. 그런데 이것은 $f(c) = c$를 의미하므로 모순이다. 따라서 $f(c) = c$를 만족하는 점 $c \in [0, 1]$가 적어도 하나 존재한다.

참고 고정점 정리를 일반화시켜보자. $x \in [a, b]$이고 연속함수 $f(x) \in [c, d]$일 때에는 위의 고정점 정리를 그대로 사용할 수 없다. 따라서 다음과 같이 변환과정을 거친다.

$$X = \frac{x - a}{b - a}, \quad F(X) = \frac{f(x) - c}{d - c}$$

이렇게 되면 $0 \leq X \leq 1$, $0 \leq F(X) \leq 1$을 만족하게 되고 함수는 폐구간에서 연속함수이므로 변환된 함수에 고정점 정리를 적용하면 $F(X_0) = X_0$를 만족하는 점 X_0가 존재하게 된다. 즉, $\frac{f(x)-c}{d-c} = \frac{x-a}{b-a}$를 만족하는 점 x_0가 존재하게 된다. 이것을 다시 정리하면

$$\frac{b-a}{d-c}(f(x_0)-c) = x_0$$

와 같은 데 좌변을 $g(x_0)$로 두면 $g(x_0) = x_0$가 되어 결과적으로 함수 $g(x_0)$는 고정점 x_0를 가지게 된다.

12.10 시간 $t=0$에서 자산이 0부터 시작하는 어떤 사업이 있다. 약간의 시간이 흐른 후 시간 $t=K$일 때 그 사업은 파산하여 총 자산은 다시 0이 되었다. 구간 $[0, K]$에서 정의된 자산 함수 $A(t)$에 최댓값/최솟값 정리를 적용함으로써, 자산이 최대가 되는 시간을 구할 수 있다. 그 이유를 설명하여라. 자산 함수 $A(t)$를 최소로 만드는 점은 무엇인가?

풀이

최대·최소 정리는 함수 $f(x)$가 닫힌구간 $[a, b]$에서 연속이면 $f(x)$는 이 구간에서 최댓값과 최솟값을 반드시 갖는다는 정리이다. 이 정리에 따라 어떤 연속함수의 최댓값과 최솟값을 구하는 과정을 세울 수 있다. 먼저 주어진 구간에서 함수의 그래프를 그리고, 그 그래프에서 구간의 양 끝 점의 함숫값과 임계점들의 함숫값을 구하여 비교하면 최댓값과 최솟값을 구할 수 있다.

12.11 수직선에서 두 무리수 사이에는 유리수가 있음을 증명하여라.
[도움말 : $\sqrt{2} < 2 < \sqrt{5}$를 관찰한다.]

풀이

편의상 x, y를 $0 < x < y$인 두 개의 무리수라고 가정하면, $y-x$와 $\frac{1}{y-x}$ 또한 무리수이다. (어떤 실수가 있을 때, 그 실수보다 큰 자연수는 언제나 존재하므로) $y-x>0$이므로 $\frac{1}{y-x}<n$인 자연수 n이 존재한다. 따라서 $ny-nx>1$이 된다. 또한 $m-1 \le nx < m$인 자연수 m이 존재한다. $nx+1<ny$이고 $m \le nx+1$이므로 $m \le nx+1 < ny$, 즉 $m<ny$이다. 따라서 $nx<m<ny$임을 알 수 있다. 양변을 n으로 나누면 $x<\frac{m}{n}<y$가 된다. 지금 x, y는 무리수, $\frac{m}{n}$은 유리수이므로 두 무리수 사이에는 항상 유리수가 존재한다.

12.12 수직선에서 두 유리수 사이에는 무리수가 있음을 증명하여라.

[도움말 : $1<\sqrt{2}<2$를 관찰한다.]

풀이

직선에 있는 모든 점은 유리수에 대응되지 않는다. 예를 들면, 원점에서 거리가 $\sqrt{2}$인 점에 대응하는 유리수는 가우스의 보조정리(문제 6)에 의해 존재하지 않는다. 즉, 유리수만 가지고 직선을 채울 수 없고 유리수가 아닌 수 무리수가 직선 위에 존재한다.

무리수는 무엇인가? 직선의 완비성(직선에서 점들의 분포는 연속적이다.)을 특성화하는데 데데킨트는 절단(cut)을 사용하였다. 모든 수를 공집합이 아닌 두 집합 A, B로 나눌 때, A의 모든 수가 B의 모든 수보다 작은 경우 이를 데데킨트의 절단이라 부르고 $(A,\ B)$로 표시한다. 하나의 수 p에 대해 $A=\{x|x<p\}$, $B=\{x|x>p\}$라 하자. 절단이 완성되려면 p 자신도 A 또는 B에 속해야 한다. 만약 $p \in A$이면 p는 A의 최대수이다. 이때, B에는 최소수는 없다. 만약 $p \in B$이면 p는 B의 최소수이다. 이때, A에는 최대수는 없다. 이와 같이, 임의의 수 p를 경계로 하는 절단이 만들어진다. 역으로 절단 $(A,\ B)$가 주어졌을 때, 하나의 수 p가 존재해서 p는 A의 최대수(B에는 최소수가 없다) 또는 B의 최소수(A에는 최대수가 없다)이다. 예를 들

면, 양의 유리수 집합 Q^+은 유리수 2에 의해 두 부분집합

$$A=\{x\in Q^+ \mid x^2<2\} \text{와 } B=\{x\in Q^+ \mid x^2>2\}$$

로 쪼갤 수 있다. A와 B는 공집합이 아니고 $A\cap B=\varnothing$, $Q^+=A\cup B$가 성립한다. A의 모든 원소는 B의 모든 원소보다 작으므로, 데데킨트의 절단 $(A,\ B)$를 만든다. 절단의 정의에 의해 양의 유리수 p가 존재해서 p는 A의 최대수(또는 B의 최소수)이다. 그러데 만약 $p\in A$이고 $q=p-\dfrac{p^2-2}{p+2}$라 놓으면 $q>p$이고

$$q^2-2=\left(\frac{2p+2}{p+2}\right)^2-2=\frac{4p^2+8p+4-2p^2-8p-8}{(p+2)^2}=\frac{2(p^2-2)}{(p+2)^2}<0$$

이므로 $q\in A$이다. 즉 A는 Q^+에서 최대수를 갖지 않는다. 따라서 $p^2=2$가 될 수밖에 없다. 이는 가우스의 보조정리(문제 6)에 어긋난다. 즉 "유리수의 절단은 절단된 두 부분의 경계가 유리수가 아닐 수 있다."

12.13 과제 모든 양의 실수에 대해 자연로그가 정의됨을 증명하여라.

풀이

지수함수 $y=e^x$은 정의역이 실수 전체 $\mathbb{R}$이고 치역이 양의 실수 $\mathbb{R}^+$인 일대일대응 함수이다. 따라서 역함수를 갖는다. 그 역함수는 $y=\ln x$이고 자연로그함수라 부른다. 여기서 정의역은 양의 실수이고 치역은 실수 전체 $\mathbb{R}$이다. 그리고 다음과 같은 규칙을 갖는다.

$$e^{\ln x}=x\,(x>0),\ \ln e^x=x\,(x\in\mathbb{R})$$

12.14 과제 모든 실수는 분모가 2의 거듭제곱인 유리수 수열의 극한값임을 증명하여라.

풀이

임의의 실수 r과 임의의 자연수 n에 대해 $0\le 2^n r-[2^n r]<1$이 성립한다.

여기서 $[x]$는 x를 넘지 않는 최대정수이다. 양변을 2^n으로 나누면 $0 \le r - \frac{[2^n r]}{2^n} < \frac{1}{2^n}$이 성립한다. n이 한없이 커짐에 따라 $\frac{1}{2^n}$은 0에 접근하므로, n이 한없이 커짐에 따라 $\frac{[2^n r]}{2^n}$은 실수 r로 접근한다. 즉 임의의 실수 r은 분모가 2의 거듭제곱인 유리수 수열의 극한값이다.

12.15

과제 a와 b가 유리수일 때, $a+b\sqrt{7}$ 형태의 수들은 실수에서 조밀(즉, 각각의 실수는 그런 형태의 수열의 극한이다)함을 증명하여라.

풀이

모든 유리수는 연분수로 나타내면 유한하다. 예를 들어, 유리수 $\frac{32}{15}$를 연분수로 나타내면 다음과 같이 유한단계에서 끝난다.

$$\frac{32}{15}=2+\frac{2}{15}=2+\cfrac{1}{\cfrac{15}{2}}=2+\cfrac{1}{7+\cfrac{1}{2}}=[2\,;\,7,\ 2]$$

그러나 무리수는 연분수로 나타내면 무한히 반복된다. 예를 들어, 무리수 $\sqrt{7}$을 연분수로 나타내면 다음과 같이 1, 1, 1, 4가 계속 반복된다.

$$\sqrt{7}=2+\sqrt{7}-2=2+\cfrac{1}{\cfrac{\sqrt{7}+2}{3}}=2+\cfrac{1}{1+\cfrac{\sqrt{7}-1}{3}}$$

$$=2+\cfrac{1}{1+\cfrac{1}{\cfrac{3}{\sqrt{7}-1}}}=2+\cfrac{1}{1+\cfrac{1}{1+\cfrac{\sqrt{7}-1}{2}}}$$

$$=2+\cfrac{1}{1+\cfrac{1}{1+\cfrac{1}{1+\cfrac{\sqrt{7}-2}{3}}}}=2+\cfrac{1}{1+\cfrac{1}{1+\cfrac{1}{1+\cfrac{1}{4+\sqrt{7}-2}}}}$$

$$=[2\,;\,\overline{1,\ 1,\ 1,\ 4}]$$

무리수를 연분수로 나타냈을 때, 예를 들어, $\sqrt{7}$을 연분수로 표현했을 때 만들어지는 끝없는 수열 $\{s_n\}$

$$s_1=2,\ s_2=[2\ ;\ 1]=3,\ s_3=[2\ ;\ 1,\ 1]=\frac{5}{2},\ s_4=[2\ ;\ 1,\ 1,\ 1]=\frac{8}{3},$$

$$s_5=[2\ ;\ 1,\ 1,\ 1,\ 4]=\frac{37}{14},\ s_6=[2\ ;\ 1,\ 1,\ 1,\ 4,\ 1],\ \cdots$$

은 n이 한없이 커짐에 따라 s_n은 $\sqrt{7}$로 다가간다. 이 사실을 이용하자. 실수 r에 대하여

$$r=[r]+(r-[r])=[r]+(r-[r])\times\frac{\sqrt{7}}{\sqrt{7}}$$

이라고 할 수 있다. 여기서 $[x]$는 x를 넘지 않는 최대정수이다. 위에서 언급한 수열 $\{s_n\}$을 이용하면, n이 한없이 커짐에 따라 $[r]+\frac{(r-[r])}{s_n}\sqrt{7}$는 r로 접근한다. 즉, 실수 r이 $a+b\sqrt{7}$(a, b는 유리수)형태의 수열의 극한이다. 이것은 집합 $\{a+b\sqrt{7}\mid a,\ b\in\mathbb{Q}\}$가 실수의 집합 $\mathbb{R}$에서 조밀함을 말한다.

12.16 **과제** a와 b가 유리수일 때, 모든 유리수는 $a+b\pi$꼴의 수들의 수열의 극한임을 증명하여라.

풀이

$b=0$이면 유리수 a는 수열 $\{a+0\times\pi\}$의 극한이다.
이제 $b\neq 0$이라고 하자. 임의의 유리수 r에 대해서 문제 15에서와 같이 π를 연분수로 나타낸 수열 $\{s_n\}$을 생각하면 n이 한없이 커짐에 따라 $[r]+(r-[r])\times\frac{\pi}{s_n}$는 r로 다가간다.

제13장 소 수

13.1 p가 소수일 때, p^2+p는 소수가 아님을 증명하여라.

풀이

$p^2+p=p(p+1)$로 p, $p+1$의 소인수를 가지므로 소수가 아니다.

13.2 세 정수 k, $k+1$, $k+2$는 모두 소수가 될 수 없음을 증명하여라.

풀이

k가 짝수이면 $k+2$는 소수가 아니다. k가 1보다 큰 홀수이면 $k+1$은 소수가 아니다.

13.3 k가 2보다 큰 소수일 때, k^2+1은 소수가 아님을 증명하여라. 이 질문에 대하여 토론하여라.

풀이

2보다 큰 소수는 홀수이므로 $k=2n+1$이라고 하면 $k^2+1=(2n+1)^2+1$ $=2(2n^2+2n+1)$로 소수가 아니다.

13.4 최근 그린과 타오는 소수들은 임의의 길이의 등차수열을 포함한다는 멋진 결과를 얻었다. 따라서 임의의 $N>0$에 대해서 일정한 간격을 갖는 소수 수열 n_1, n_2, $\cdots$, n_N이 존재한다. 단순한 예로, 5, 11, 17은 모두 소수이고 6씩 떨어져 있다. 이와 같은 소수열을 4개짜리, 5개짜리, 6개짜리(여기서 주어진 소수는 제외)를 구하여라. 컴퓨터를 사용해도 된다.

풀이

199, 409, 619, 829, 1039, 1249 (차는 210)

13.5 $k(k+1)+1$과 같은 형태의 소수를 얼마나 많이 찾을 수 있는가? 이와 같은 소수는 무한히 많이 존재하는가? 왜 그런지 설명하여라.

풀이

러시아 수학자 번야코프스키는 1857년 2차 이상의 정수계수 기약다항식에 자연수를 대입하였을 때 1보다 큰 공약수가 없으면 함숫값 전체는 무한히 많은 소수를 포함하게 된다고 주장하였다. 이를 번야코프스키의 가설이라고 한다. 예를 들어, 자연수 k에 대하여 다항식 k^2+k+1은 그 값이 3, 7, 13, 21, 31, 43, 57, 73, 91, 111, 133, 157, 183, 211, …로 1보다 큰 공약수가 없으므로 무한히 많은 소수를 포함하고 있다는 것이다. 그러나 번야코프스키의 가설은 아직 증명되지 않았다.

13.6 유명한 소수 정리에 따르면 — 아다마르와 푸생이 각각 독립적으로 증명 — N보다 작거나 같은 소수의 개수는 대략 $N/\ln N$이다. 따라서 1,000,000보다 작거나 같은 소수의 개수는 약 $1{,}000{,}000/\ln 1{,}000{,}000 \approx 72.382$이다. 이것은 놀라운 사실이다. 1000보다 작거나 같은 소수는 몇 개인가? 이 개수는 소수 정리로부터 예상한 개수와 얼마나 비슷한가? 10,000보다 작거나 같은 소수는 몇 개인가? 이 개수는 소수 정리로부터 예상한 개수와 얼마나 비슷한가? 컴퓨터를 사용해도 된다.

풀이

1000보다 작거나 같은 소수는 168개이고 $\dfrac{1000}{\ln 1000} \approx 145$이다.

10,000보다 작거나 같은 소수는 1,229개이고 $\dfrac{10000}{\ln 10000} \approx 1086$이다.

13.7 모든 자릿수가 1인 정수는 소수라는 추측이 연구되어 왔다. 1은 정의에 의해 소수가 아니다. 그러나 11은 소수이다. 불행히 111은 소수가 아니다. 1111 혹은 11111은 소수인가? 아닌가? 이 질문에 대해 조사하여라. 컴퓨터를 사용해도 된

다. 당신이 찾을 수 있는 모든 자릿수가 1인 가장 큰 소수는 무엇인가? 이 질문을 토론해보아라.

풀이

$111 = 11 \times 101$, $11111 = 41 \times 271$로 소수가 아니다.

1이 n번 반복된 수를 $[n]$과 같이 나타낸다면

$$[7] = 239 \times 749,\ [11] = 21649 \times 513239,$$
$$[18] = 3^2 \times 7 \times 11 \times 13 \times 19 \times 37 \times 52579 \times 333667$$

로 소수가 아니다. 반면 [19], [23]은 소수이다.

인터넷에서 온라인 계산기를 찾아 더 시행해볼 수 있다.

13.8 수학적 귀납법을 이용하여 다음을 증명하여라.

$$1^2 + 2^2 + \cdots + N^2 = \frac{2N^3 + 3N^2 + N}{6}$$

풀이

$n = 1$일 때 성립함을 확인하고 $n = k$일 때 성립한다고 가정한 후 $n = k+1$일 때 성립하는지 확인한다.

13.9 문제 8 참조. 처음 N개의 세제곱의 합에 대한 공식을 구하고, 수학적 귀납법을 이용하여 이 공식을 증명하여라.

풀이

$1^3 + 2^3 + \cdots + N^3 = \left(\frac{N(N+1)}{2}\right)^2$임을 위 9번과 같은 방법으로 증명한다.

13.10 수학적 귀납법을 사용하여, n이 양의 정수일 때, $n^2 + 3n + 2$는 짝수임을 증명하여라.

풀이

$n=1$일 때 성립함을 확인하고 $n=k$일 때 성립한다고 가정한 후 $n=k+1$일 때 성립하는지 확인한다.

13.11 수학적 귀납법의 강력한 형태는 이렇다.

각 양의 정수 j에 대하여 $P(j)$를 명제라 하자.

(i) $P(1)$은 참이다.

(ii) $P(1)$, $P(2)$, $\cdots$, $P(k-1)$이 참일 때마다 $P(k)$는 참이다.

그러면 모든 j에 대하여 $P(j)$는 참이다.

이 '수학적 귀납법의 강력한 형태'를 이용하여 모든 양의 정수는 소인수들의 곱으로 분해됨을 보여라.

풀이

먼저 $n=2$이면 그 자체가 소수이므로 주어진 명제가 성립한다. 이제 $2 \le j \le n$인 모든 자연수 j에 대해 명제가 참이라 가정한 후 $n+1$일 때 성립함을 보이자. 만일 $n+1$이 소수라면 주어진 명제는 참이다. $n+1$이 소수가 아닌 합성수라면 $2 \le k \le l < n+1$인 두 자연수 k, l의 곱으로 나타낼 수 있다. 그런데 $2 \le j \le n$인 모든 자연수 j를 소수들의 곱의 형태로 나타낼 수 있다고 가정하였으므로 k, l 두 수도 소수들의 곱 형태로 나타낼 수 있다. 따라서 k, l을 표현했던 소수들의 곱으로 합성수 $n+1$을 다시 나타낼 수 있다. 그러므로 $n>1$인 자연수 n은 소수들의 곱 형태로 나타낼 수 있다.

13.12 두 소수의 차는 항상 소수인가?

풀이

그렇지 않다. 예를 들어, 두 소수 3과 7에 대하여 $7-3=4$로 소수가 아니다.

13.13 유클리드의 알고리즘을 이용하여 84와 144의 최대공약수를 구하여라.

풀이

$144=84\times1+60$, $84=60\times1+24$, $60=24\times2+12$, $24=12\times2$로 두 수의 약수는 12이다.

13.14 과제 1000과 1000000 사이에 얼마나 많은 소수가 존재하는지를 소수 정리를 이용하여 구하여라.

풀이

$\dfrac{1000000}{\ln 1000000}-\dfrac{1000}{\ln 1000}\approx 72382-145=72237$로 72237개의 소수가 있다.

13.15 과제 다음의 비를 생각하자.

$$\frac{\pi(N)}{N}$$

여기서 $\pi(N)$은 N 보다 작거나 같은 소수의 개수를 나타낸다.

$\lim_{N\to\infty}\dfrac{\pi(N)}{N}=0$임을 설명하여라. 우리는 소수가 양의 정수에서 조밀하지 않다고 이야기한다. 이것이 의미하는 것이 무엇인지를 설명하여라.

풀이

$\lim_{N\to\infty}\dfrac{\pi(N)}{N}=\lim_{N\to\infty}\dfrac{1}{\ln N}=0$이다. 이는 수가 커질수록 소수의 개수가 적어짐을 의미한다.

13.16 과제 쌍둥이 소수는 p, $p+2$가 모두 소수인 수의 쌍을 말한다. 처음 10쌍의 쌍둥이 소수를 열거하여라. 쌍둥이 소수가 무한히 많이 존재하는지 존재하지 않는지는 알지 못한다. 알려진 가장 큰 쌍둥이 소수는 58711 자릿수이다. 다음과 같

은 무한 합

$$\sum_{p\,:\,\text{소수}} \frac{1}{p}$$

은 발산한다. 비고 브런은

$$\sum_{p\,:\,\text{쌍둥이소수}} \frac{1}{p}$$

이 수렴한다는 것을 보였다. 1000보다 작은 소수에 대하여 이들 두 합을 계산하여라. 1000보다 작은 쌍둥이 소수는 35개이다. 그들 모두를 구하여라. 소수 5가 포함된 쌍둥이 소수는 두 쌍뿐이다.

풀이

처음 10쌍의 쌍둥이 소수는 (3, 5), (5, 7), (11, 13), (17, 19), (29, 31), (41, 43), (59, 61), (71, 73), (101, 103), (107, 109)이다.

$\displaystyle\sum_{\substack{p\,:\,\text{소수}\\ p+2\,:\,\text{소수}}} \left(\frac{1}{p}+\frac{1}{p+2}\right)$의 값을 브런의 상수라고 하는데, $\displaystyle\sum_{p\,:\,\text{쌍둥이소수}} \frac{1}{p} \approx 1.9$ 이다.

1000보다 작은 쌍둥이 소수는 위의 것을 포함해서 (137, 139), (149, 151), (179, 181), (191, 193), (197, 199), (227, 229), (239, 241), (269, 271), (281, 283), (311, 313), (347, 349), (419, 421), (431, 433), (461, 463), (521, 523), (569, 571), (599, 601), (617, 619), (641, 643), (659, 661), (809, 811), (821, 823), (827, 829), (857, 859), (881, 883)이다.

13.17 과제 문제 11 참조. 일반적인 수학적 귀납법을 문제 11번의 명제를 증명하는데 사용할 수 없는 이유를 설명하여라. 강력한 수학적 귀납법이 일반적인 수학적 귀납법과 논리적으로 동등한 이유를 설명하여라.

풀이

(1) 수학적 귀납법이 문제 11번의 명제 $P(n)$을 증명하는데 사용될 수 없는

이유는 다음과 같다.

(ㄱ) 2는 소수이기 때문에, $P(2)$는 참이다.

(ㄴ) $P(n)$이 참이라 가정하자.

(ㄷ) $P(n+1)$에 대해 생각해 보자. 만일 $n+1$이 소수라면 주어진 명제는 참이다. $n+1$이 소수가 아닌 합성수라면 $2 \le k \le l < n+1$인 두 자연수 k, l의 곱으로 나타낼 수 있다. 만약 k와 l이 n보다 작은 수일 경우에는 가정 (ㄴ)을 적용할 수 없다.

(2) 강력한 수학적 귀납법이 수학적 귀납법과 논리적으로 동등한 이유는 다음과 같다.

강력한 수학적 귀납법은 수학적 귀납법의 조건을 포함하므로 '강력한 수학적 귀납법이 성립하면 수학적 귀납법은 자연스럽게 성립한다.' 역으로 수학적 귀납법이 성립할 때 강력한 수학적 귀납법이 성립함을 다음과 같이 보이자.

(ㄱ) 수학적 귀납법이 성립하면 정수의 정렬공리

"자연수의 공집합이 아닌 모든 부분집합은 최소 원소를 갖는다."

가 성립한다.
그 이유는 다음과 같다.
$\mathbb{N}$의 부분집합 중 최소 원소를 갖지 않는 집합 S가 존재한다고 가정하자. 1은 가장 작은 자연수이므로 $1 \notin S$이다. 즉 1은 S의 모든 원소보다 작다. 집합

$$T = \{n \mid n\text{은 } S\text{의 모든 원소보다 작은 자연수}\}$$

라 하면 $1 \in T$이므로 $T \neq \varnothing$이다. $k \in T$라고 하자.

(a) $k+1 \in T$이면 수학적 귀납법에 의해서 모든 자연수 $n \in T$이다. 즉 모든 자연수는 S의 모든 원소보다 작다. 이는 모순이다.

(b) $k+1 \notin T$이면 $k+1$이 S의 최소 원소이다. 이는 S의 정의에

모순이다.

따라서 최소 원소를 가지지 않는 집합 S는 존재하지 않는다. 즉, $\mathbb{N}$의 공집합이 아닌 모든 부분집합은 최소 원소를 갖는다.

(ㄴ) 정수의 정렬공리가 성립하면 강력한 수학적 귀납법이 성립한다. 그 이유는 다음과 같다.
집합 $F=\{n\in\mathbb{N} \mid P(n):$ 거짓$\}$이라 하고 명제 $P(n)$이 아래에 주어진 조건

(a) $P(1)$은 참이다.
(b) $P(1),\ P(2),\ \cdots,\ P(k-1)$이 참일 때마다 $P(k)$는 참이다.

를 만족한다고 할 때, $F=\varnothing$임을 보이자. 만약 $F\neq\varnothing$이라면 정수의 정렬공리에 의해 최소 원소 l이 F에 존재한다. 명제 $P(n)$이 조건 (a)를 만족하므로 $l\neq 1,\ l>1$이다. 그런데 l은 F의 최소 원소이므로 $1,\ 2,\ \cdots,\ l-1\not\in F$, 즉 $P(1),\ P(2),\ \cdots,\ P(l-1)$은 참이다. 조건 (b)에 의해 $P(1),\ P(2),\ \cdots,\ P(l-1)$이 참이면 $P(l-1+1)=P(l)$이 참이므로 $l\not\in F$이다. 이는 모순이다. 따라서 $F=\varnothing$이고 모든 자연수 n에 대해서 $P(n)$은 참이다.

따라서 (ㄱ)과 (ㄴ)에 의해 수학적 귀납법이 성립하면 강력한 수학적 귀납법이 성립한다.

제14장 디리클레와 세는 방법

14.1 꼭짓점이 6개인 완전그래프에서 삼각형의 개수를 세어, $R(3, 3)=6$임을 유도하는 새로운 방법을 찾아라. 20개의 삼각형이 있고 그 중 많아야 18개는 단색이 아니다.

풀이

K_n을 n개의 꼭짓점을 가지는 완전그래프라 하자. K_6의 각 변을 빨강과 파랑으로 칠한다고 하자. 한 꼭짓점 v에는 5개의 변이 연결되어 있다. 비둘기집의 원리에 의해, 적어도 5개의 변 중 3개는 같은 색이다. 그 색을 파랑이라고 가정하고, 그 3개의 변에 연결된 꼭짓점을 각각 r, s, t라고 하자. 만약 세 변 (r, s), (r, t), (s, t) 중 어느 하나라도 파랑이면, v와 함께 파란색 삼각형, 즉 K_3가 생긴다. 만약 어느 하나도 파랑색이 아니면, (r, s), (r, t), (s, t)는 모두 빨강색이므로 빨강색의 삼각형, 즉 K_3가 생긴다. 그러므로 K_6의 변을 두 가지 색으로 칠하는 경우 항상 K_3를 포함하게 된다. 즉, $R(3, 3) \leq 6$이다. 한편, K_5를 두 가지 색으로 칠하는 방법 중에는 동일한 색의 삼각형을 만들지 않는 경우가 존재한다(그림 14.1 참고). 그러므로 $R(3, 3) > 5$이다. 결론적으로 $R(3, 3)=6$이다.

14.2 만약 23명의 사람들이 방안에 있다면, 같은 날짜에 태어난 사람이 두 명이 있을 가능성이 0.5보다 높다. 이것을 토의하고 증명하여라.

풀이

23명 모두 다른 날짜에 태어날 확률은

$$\frac{365}{365}\times\frac{364}{365}\times\cdots\times\frac{343}{365}=1\times\left(1-\frac{1}{365}\right)\times\left(1-\frac{2}{365}\right)\times\cdots\left(1-\frac{22}{365}\right)$$

이므로 적어도 2명이 같은 날에 태어날 확률은

$$1-\left(1-\frac{1}{365}\right)\left(1-\frac{2}{365}\right)\cdots\left(1-\frac{22}{365}\right)>\frac{1}{2}=0.5.$$

14.3 $\xi=\sqrt{2}$이고 $n=10$이다. 14장 2절의 디리클레의 정리를 만족하는 정수 p와 q를 구하여라.

풀이

$\xi=\sqrt{2}$이고 $n=10$로 놓으면, 결과를 만족하는 수는 $p=7$이고 $q=5$가 된다. 왜냐하면, $p/q=1.4$이고 다음 식이 성립하기 때문이다.

$$\left|\frac{p}{q}-\xi\right|=|1.4-1.414\cdots|=|0.014\cdots|<0.02=\frac{1}{10\times5}$$

14.4 $\xi=3/2$이고 $n=7$이다. 14장 2절의 디리클레의 정리를 만족하는 정수 p와 q를 구하여라.

풀이

$\xi=3/2$이고 $n=7$로 놓으면, 결과를 만족하는 수는 $p=6$이고 $q=4$가 된다. 왜냐하면, $p/q=1.4$이고 다음 식이 성립하기 때문이다.

$$\left|\frac{p}{q}-\xi\right|=|1.5-1.5|=0<\frac{1}{7\times4}$$

14.5 꼭짓점이 16개인 완전그래프의 변을 세 가지 색으로 색칠하여라. 단, 단색 삼각형이 없도록 해야 한다.

풀이

꼭짓점이 16개인 완전그래프를 단색 삼각형이 없도록 세 가지 색으로 칠하는 방법은 오직 두 가지뿐임이 알려져 있다. 위쪽 그림은 꼬이지 않은 색칠, 아래쪽 그림은 꼬인 색칠로 꼭짓점 v_{11}부터 v_{15}까지는 그림을 단순하게 하기 위해서 두 번씩 그려져 있다.

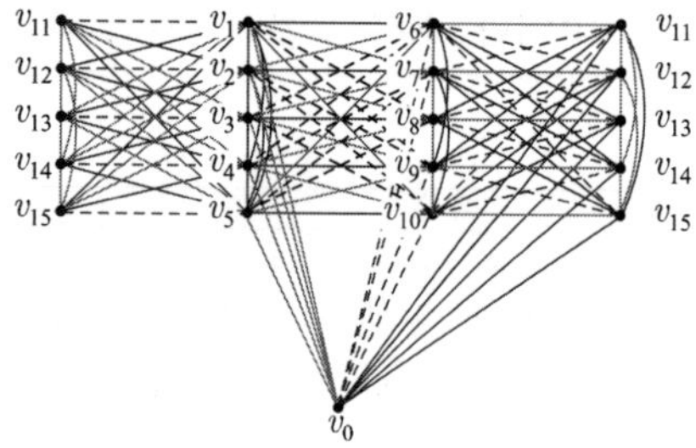

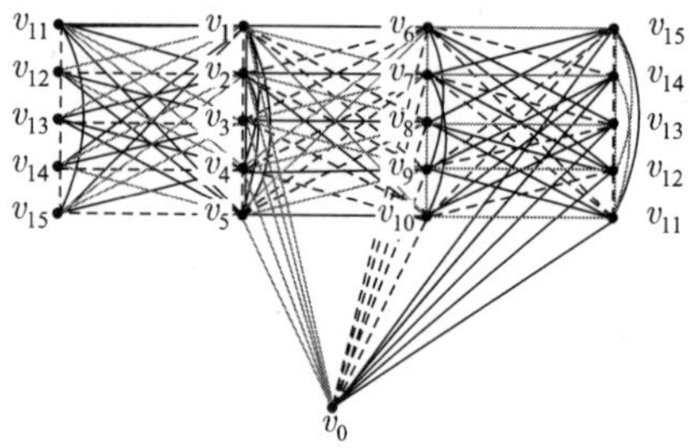

14.6 $n+2$개의 편지를 n개의 우편함에 배달한다고 가정하자. 3개의 편지가 들어 있는 우편함이 있다고 확신할 수 있는가? 그렇다면 이유는 무엇인가? 또는 그렇지 않다면 그 이유는 무엇인가?

풀이

3개의 편지가 들어 있는 우편함이 있다고 확신할 수는 없다. 왜냐하면, n개의 모든 우편함에 2개 이하의 편지가 들어 있다고 하면 우편함 전체에 기껏해야 $2n$개의 편지가 들어 있다. 그런데 $n+2 \le 2n$이므로 모순이 일어나지 않기 때문이다.

14.7 10,000개의 편지를 9,000개의 우편함에 배달한다. 3개의 편지가 들어 있는 우편함은 최대 몇 개인가? 2개의 편지가 들어 있는 우편함은 최대 몇 개인가?

풀이

빈 우편함이 있을 수 있다고 가정하고 이 문제를 풀어보면 3개의 편지가 들어 있는 우편함은 최대 $\left[\frac{10000}{3}\right] = 3333$개다. 왜냐하면, 3334개의 우편함에 3개의 편지가 들어 있다면 $3334 \times 3 = 10002 > 10000$이므로 모순이다. 2개의 편지가 들어 있는 우편함은 최대 $\left[\dfrac{10000}{2}\right] = 5000$개다. 왜냐하면, 5001개의 우편함에 2개의 편지가 들어 있다면 $5001 \times 2 = 10002 > 10000$이므로 모순이다.

14.8 5장 포커게임에서 플러시(무늬가 모두 같다)가 나올 확률은 얼마인가?

풀이

플러시는 5장의 카드의 모양이 모두 같은 경우이다. 4가지 모양 중 하나를 선택하면 $\binom{4}{1}$. 선택된 모양의 카드는 13개의 숫자를 가지고 있으므로, 13장에서 5장을 선택하면 된다. 단, 스트레이트 플러시는 빼준다. 스트레이트는 연속된 5장의 숫자를 의미한다. A2345부터 10JQKA까지만을 인정한다. 그러므로 A부터 10까지의 숫자 중에서 하나를 고르면, 나머지 4장의 숫자는 자동으로 구해지게 되는 셈이다. 다만, 각각의 카드는 4종류의 모양을 가질 수 있다. 따라서

$$P(\text{플러시}) = \frac{\binom{4}{1}\binom{13}{5} - \binom{10}{1}\binom{4}{1}}{\binom{52}{5}}$$

14.9 5장 포커게임에서 로열플러시는 같은 무늬의 10-J-Q-K-A이다. 얼마나 많은 다른 종류의 로열플러시가 있겠는가? 52장의 표준 카드 한 벌에서 로열플러시가 나올 확률은 얼마인가? 딱 1장의 카드에 의해서 로열플러시가 되지 않을 확률은 얼마인가?

풀이

$$4\text{종류},\ \ P(\text{로열플러시}) = \frac{\binom{1}{1}\binom{4}{1}}{\binom{52}{5}}$$

14.10 단지 안에 50개의 검정 구슬과 50개의 흰 구슬이 들어 있다. 무작위로 3개의 구슬을 꺼낸다고 하자. 이 세 개의 구슬이 모두 흰 구슬일 확률은 얼마인가? 적어도 2개의 구슬이 흰 구슬일 확률은 얼마인가? 토의해 보아라.

풀이

$$\frac{\binom{50}{3}}{\binom{100}{3}},\quad \frac{\binom{50}{3}}{\binom{100}{3}}+\frac{\binom{50}{2}\binom{50}{1}}{\binom{100}{3}}=\frac{1}{2}$$

14.11 한 여성이 10개의 우편함에 15통의 편지를 분배하였다. 그녀는 두 개의 우편함에 편지가 세 통씩 들어 있음을 알고 있다. 나머지 우편함의 편지 분포에 대해서 무엇을 말할 수 있는가?

풀이

2개의 우체통에 3통씩의 편지가 들어 있으므로 8개의 우체통에는 9통의 편지가 들어 있어야 한다. 모든 우체통에 한 통 이상의 편지가 들어 있어야 하므로 한 우체통에는 2통의 편지가 들어 있어야 한다. 곧, 나머지 8개의 우체통 중에서 7개의 우체통에는 1통씩, 1개의 우체통에는 2통의 편지가 들어 있음을 알 수 있다.

참고 x_i를 i번째 우편함에 들어 있는 편지의 개수(자연수)라 하고, 편의상 첫 번째와 두 번째 우편함에 3통의 편지가 들어 있다고 하면, 이 문제는 다음과 같은 문제와 같다.

$$\begin{cases} x_3+x_4+\cdots+x_{10}=9 \\ x_i \ge 1\ (i=3,\ 4,\ \cdots,\ n) \end{cases}$$

을 만족하는 정수해는 몇 가지가 있는가?

풀이는 $\binom{9-8+(8-1)}{(8-1)}=\binom{8}{7}=\binom{8}{1}=8$이다.

14.12 6개의 흰 구슬과 6개의 검정 구슬을 가지고 있는데, 4명의 친구에게 3개씩 분배하려고 한다. 구슬을 분배하는 방법에는 몇 가지가 있을까? 토의해 보아라.

풀이

a를 흰 구슬, b를 검정 구슬이라 하자. 12개의 구슬은 3개씩 4덩어리로 아래와 같이 5가지 경우로 나누어질 수 있고, 각각의 경우에 4명에게 분배하는 가짓수는 다음과 같다.

① $aaa,\ aaa,\ bbb,\ bbb : \dfrac{4!}{2!2!} = 6$

② $aaa,\ bbb,\ aab,\ abb : 4! = 24$

③ $aaa,\ abb,\ abb,\ abb : \dfrac{4!}{3!} = 4$

④ $bbb,\ aab,\ aab,\ aab : \dfrac{4!}{3!} = 4$

⑤ $aab,\ aab,\ abb,\ abb : \dfrac{4!}{2!2!} = 6$

$6 + 24 + 4 + 4 + 6 = 44$가지

14.13 5장 포커게임에서 무늬는 무시하고 카드 표면에 적힌 수가 모두 다를 확률은 얼마인가?

풀이

전체(1)에서 원페어, 투페어, 트리플, 포카드의 확률을 빼면 된다. 즉

$$1 - \frac{\binom{13}{1}\binom{4}{2}\binom{12}{3}\binom{4}{1}^3 + \binom{13}{2}\binom{4}{2}^2\binom{11}{1}\binom{4}{1} + \binom{13}{1}\binom{4}{3}\binom{12}{2}\binom{4}{1}^2 + \binom{13}{1}\binom{4}{4}\binom{12}{1}\binom{4}{1}}{\binom{52}{5}}$$

14.14 과제 세계의 기록에 관한 책 기네스북에는 어떤 사람이 만든 가장 큰 수(즉, 양의 정수)가 실려 있다. 그 사람은 뭐라 설명하기 어려운 론 그레이엄인데, 그의 수(현재 '그레이엄 수'라 알려져 있다)는 너무 커서 보통의 수학적 또는 과학적

표기법으로 표현될 수 없다. 실제로, 도널드 크누스는 그레이엄 수를 표현하기 위한 새로운 과학적 은어를 만들었다.

먼저 적어도 이해할 수 있을 만한 쉬운 용어로 그 수가 어떤 수인지를 말해보자. 다음과 같은 성질을 갖는 양의 정수 N을 찾자. N개의 원소를 갖는 집합 S에 대하여 S의 멱집합(S의 모든 가능한 부분집합들의 집합)을 생각하자. 이제 멱집합의 원소들의 순서쌍으로 구성된 새로운 집합 T를 만들자. T를 두 부분집합 A와 B로 분할하자. 다음 조건 (i)과 (ii)를 만족하는 S의 4개의 부분집합이 존재하도록 하는 최소의 N을 찾자. (i) 이들 4개의 순서쌍이 A에 속하거나 B에 속한다. (ii) 4개의 부분집합 중 어느 것에 속한 원소 x가 있다고 하자. 그러면 이런 x는 항상 짝수개의 부분집합에 속한다.

원래 $N=6$이라고 예상하였다. [EXO]의 최근 결과 덕분에, 현재 N은 적어도 11은 된다고 알려졌다. 그레이엄은 그와 같은 어떤 수 N이 존재함을 보였고, 이 값이 우리가 설명하려고 하는 거대한 수보다 크지 않음을 보였다.

새로운 유형의 지수표현 방법을 정의하자. $3\uparrow k$는 3의 k거듭제곱을 의미한다. 이것은 친숙한 표현이다. 이제 $3\uparrow\uparrow 3$을 $3\uparrow(3\uparrow 3)$으로 표시하자. 일반적으로

$$3\underbrace{\uparrow\uparrow\cdots\uparrow\uparrow}_{k\text{개}}3$$

는

$$3\underbrace{\uparrow\uparrow\cdots\uparrow\uparrow}_{(k-1)\text{개}}(3\underbrace{\uparrow\uparrow\cdots\uparrow\uparrow}_{(k-1)\text{개}}3)$$

로 나타내자. 이제

$$M=3\underbrace{\uparrow\uparrow\cdots\uparrow\uparrow}_{3\uparrow\uparrow\uparrow\uparrow 3\text{개}}3$$

으로 놓자. 다음으로

$$P=3\underbrace{\uparrow\uparrow\cdots\uparrow\uparrow}_{M\text{개}}3$$

을 정의하자. 이제 이 구성을 61번 더 반복하자. 그러면 그레이엄 수 G를 얻게 될 것이다. 태양의 무게를 단위를 온스로 하여 명시하기 위해서 크누스의 표기법(위에 설명된)을 어떻게 사용해야 되는지를 설명하여라. 우주의 분자 수를 나타내는 데 이 표기법을 사용하자.

풀이

1온스 ≒ $0.02835kg$이므로 태양의 무게를 온스로 고치면 다음과 같다.

$$2\times10^{30}kg \fallingdotseq 2\times10^{30}\div0.02835\text{온스}=6\times10^{28}\text{온스}=2^{29}\times3\times5^{28}\text{온스}$$

$$2^{29}=2^1\times2^4\times2^4\times2^4\times2^{16}=2^1\times2^{2^2}\times2^{2^2}\times2^{2^2}\times2^{2^{2^2}},$$

$$3=3^1,\ 5^{28}=5^3\times5^{25}=5^3\times5^{5^5}$$

으로부터 크누스의 표기법을 사용하면 태양의 무게는 다음으로 표현된다.

$$(2\uparrow1)(2\uparrow\uparrow3)^3(2\uparrow\uparrow4)(3\uparrow1)(5\uparrow3)(5\uparrow\uparrow3)$$

14.15

과제 연습문제 1과 관련 있다. 이것은 프랭크 램지(1903-1930)에 의해 발명된 램지 이론의 쉬운 예이다. 3을 4로 바꾼 질문에 답해보아라. 이것이 꽤 어렵다는 것을 알게 될 것이다. '5'의 문제는 아주 다루기 힘들다.

풀이

$R(4,\ 2)=4$임을 보이기는 쉽다. 일반적으로 모든 s에 대하여 $R(s,\ 2)=s$이다. 귀납법을 사용하면,

$$R(4,\ 3)\le R(4,\ 2)+R(3,\ 3)-1=9$$

이므로

$$R(4,\ 4)\le R(4,\ 3)+R(3,\ 4)\le 18$$

이다. 한편, (4, 4, 16) 그래프는 오직 두 개만 존재하고 (4, 4, 17) 그래프는 오직 한 개만 존재하므로 $R(4,\ 4)=18$이다.

제15장 베른하르트 리만과 곡면 기하

15.1 단위 원반 위에 푸앵카레의 거리를 만드는 방법을 이용하여 실수 직선에서 구간 (0, 1) 위에 이 구간이 완비가 되도록 거리를 만들어라. 완비란 구간의 내부 점에서부터 경계에 이르는 거리가 무한임을 의미한다.

풀이

$$A_j^+ = \left\{ x \in (0,\ 1) \mid \sum_{k=1}^{j} \frac{1}{2^k} < |x| \le \sum_{k=1}^{j+1} \frac{1}{2^k} \right\},\ j = 1,\ 2,\ 3,\ \cdots,$$

$$A_j^- = \left\{ x \in (0,\ 1) \mid -\sum_{k=1}^{j+1} \frac{1}{2^k} < |x| \le -\sum_{k=1}^{j} \frac{1}{2^k} \right\},\ j = 1,\ 2,\ 3,\ \cdots$$

$A_j = A_j^+ \cup A_j^-$라고 하면 A_1, A_2, A_3는 아래 그림과 같다.

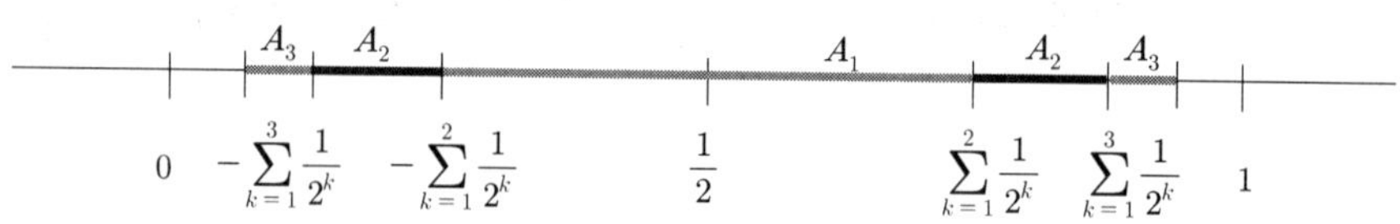

곡선 γ에 대하여 $\gamma_j = \gamma \cap A_j$라고 하면

$$\gamma = \bigcup_{j=1}^{\infty} \gamma_j, \quad \|\gamma_j\| = 2\left[\sum_{k=1}^{j+1} \frac{1}{2^k} - \sum_{k=1}^{j} \frac{1}{2^k} \right] = \frac{1}{2^j}$$

이다.

$l(\gamma_j) = 2^j \|\gamma_j\|$라고 정의하면 $l(\gamma_j) = 2^j \dfrac{1}{2^j} = 1$이므로 내부의 점에서 경계에 이르는 거리는 항상 무한이다.

15.2 단위 원반 위에 푸앵카레의 거리를 만드는 방법을 이용하여 단위 구

$$B(0,\ 1) = \left\{ (x_1,\ \cdots,\ x_N) \in \mathbb{R}^N \mid x_1^2 + x_2^2 + \cdots + x_N^2 < 1 \right\}$$

이 N-차원 유클리드 공간에서 완비가 되도록 거리를 만들어라. 완비란 구의 내부 점에서부터 경계에 이르는 거리가 무한임을 의미한다.

풀이

$A_j = \{z \in B(0,\ 1) | 1 - 2^{-j+1} < |z| \le 1 - 2^{-j}\}$, $j = 1,\ 2,\ 3,\ \cdots$로 하면 된다.

15.3 $\gamma(t) = (t,\ 2t),\ 0 \le t \le 1/2$은 단위 원반에 있는 곡선이라 하자. 이것의 푸앵카레 길이는 얼마인가?

풀이

D를 단위원반이라고 할 때,

$A_j = \{z \in D | 1 - 2^{-j+1} < |z| \le 1 - 2^{-j}\}$, $j = 1,\ 2,\ 3,\ \cdots$라고 하자.

$\gamma_j = \gamma \cap A_j$라고 하면 $\gamma = \bigcup_{j=1}^{\infty} \gamma_j$이다.

$l(\gamma_j) = 2^j \frac{1}{2^j} = 1$이므로 $l(\gamma) = \infty$이다.

15.4 원반 내에 주어진 두 점을 연결하는 길이가 최소인 푸앵카레 곡선은 필연적으로 유일하지 않음을 보여라. 따라서 푸앵카레 기하는 비유클리드 기하이다.

풀이

원반에서 두 점을 잇는 길이가 가장 짧은 선은 측지선이라고 한다. 측지선은 원의 경계에 수직인 원호이다. 그런데 두 점을 지나는 원은 무수히 많으므로 원반에서 주어진 두 점을 연결하는 길이가 최소인 푸앵카레 곡선도 유일하지 않다.

15.5 본문의 논의를 벗어남 : 만약 A와 B가 원반 D에서 대각선으로 반대편에 있는 점이라 하면, 푸앵카레 거리에서 A와 B를 연결하는 가장 짧은 길이의 곡선, 혹은 지오데식은 선분이다(그림 15.20 참조). 이렇게 가정하는 이유의 논거를 제시하여라. 그러나 C와 D가 유클리드 의미에서 멀리 떨어져 있지만 모두 경계 근

처에 있는 점일 때, 푸앵카레 거리에서 C와 D를 연결하는 지오데식은 원호이다 (그림 15.21 참조). 이렇게 가정하는 이유의 논거를 제시하여라.

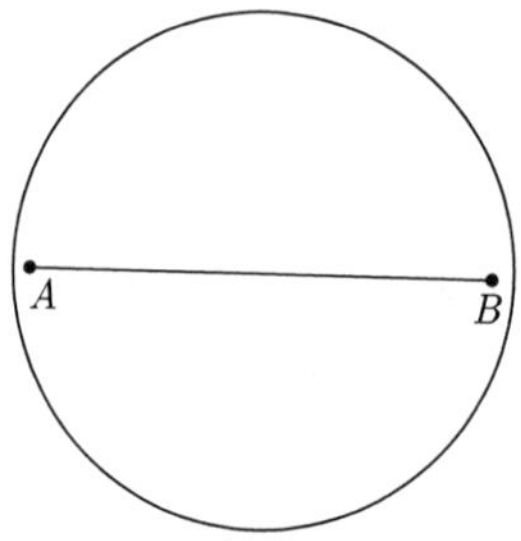

그림 15.20 _ 푸앵카레 거리에서 가장 짧은 거리의 곡선

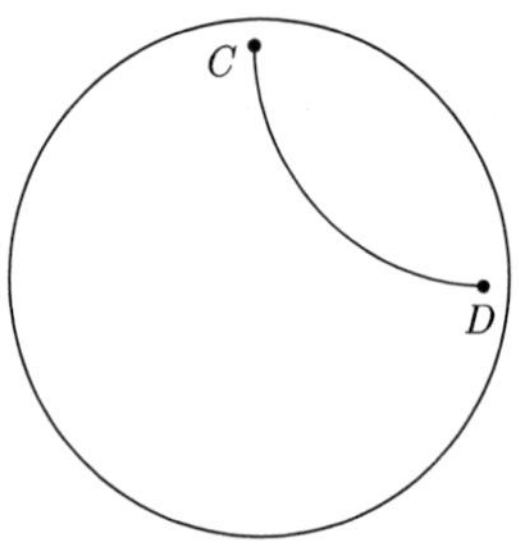

그림 15.21 _ 푸앵카레 거리에서 지오데식

풀이

쌍곡원반에서는 두 점을 지나는 가장 짧은 선은 원반의 경계에 수직이기 때문이다.

15.6 푸앵카레 거리의 정의를 다음과 같이 수정하면,

$$\langle \eta,\ \mu \rangle_z = \frac{\langle \eta,\ \mu \rangle_{\text{유클리드}}}{1-|z|^2}$$

이 거리는 더 이상 완비가 아니다. 왜 그런지 설명하여라.

풀이

거리를 문제에서와 같이 수정하면 코시 수열이 수렴하지 않음을 보이면 된다.

15.7 곡선 $\gamma(t)=(t,\ 0),\ 1/2<t<2$ 길이가 무한하도록 원환

$$A=\{(x,\ y)\in \mathbb{R}^2 \mid 1/4<x^2+y^2<4\}$$

에서 거리를 만들어라.

풀이

A를 $A_1 = \left\{x \in A \mid 2 - \frac{3}{2} \cdot \frac{1}{2^{j-1}} < |x| < 2 - \frac{3}{2} \cdot \frac{1}{2^j}\right\}$, $j=1$

$A_j = \left\{x \in A \mid 2 - \frac{3}{2} \cdot \frac{1}{2^{j-1}} \leq |x| < 2 - \frac{3}{2} \cdot \frac{1}{2^j}\right\}$, $j=2, 3, \cdots$로 분할하면 된다.

곡선 γ에 대하여 $\gamma_j = \gamma \cap A_j$라고 하면

$$\gamma = \bigcup_{j=1}^{\infty} \gamma_j,$$

$$\|\gamma_j\| = 2\left[2 - \frac{3}{2} \cdot \frac{1}{2^{j+1}} - \left(2 - \frac{3}{2} \cdot \frac{1}{2^j}\right)\right] = \frac{3}{2}\left(\frac{1}{2^{j-1}} - \frac{1}{2^j}\right) = \frac{3}{2^{j+2}}$$

이다.

$l(\gamma_j) = 2^j \|\gamma_j\|$ 라고 정의하면 $l(\gamma_j) = 2^j \frac{3}{2^{j+2}} = \frac{3}{4}$이므로 곡선 $\gamma(t)$의 거리는 무한이다.

15.8 원환에서 만든 거리 참조(문제 7). 다음에 주어지는 원들의 길이에 대해서 무엇을 말할 수 있는가?

- $\left\{(x, y) : x^2 + y^2 = \frac{1}{3}\right\}$
- $\left\{(x, y) : x^2 + y^2 = \frac{1}{2}\right\}$
- $\{(x, y) : x^2 + y^2 = 1\}$
- $\{(x, y) : x^2 + y^2 = 2\}$
- $\{(x, y) : x^2 + y^2 = 3\}$
- $\left\{(x, y) : x^2 + y^2 = \frac{7}{2}\right\}$

풀이

$\left\{(x, y) \mid x^2 + y^2 = \frac{1}{3}\right\}$은 A_1에만 속하므로 길이는 $\frac{3}{4}$이다. 이와 마찬가지

로 모든 원이 단 한 개의 A_j에만 속하므로 주어진 원들의 길이는 모두 $\frac{3}{4}$이다.

15.9 **과제** 단위구간 (0, 1)에서 모든 가능한 거리에 대해 논의하여라. 그들을 (끝 점에서 거리를 무한히 멀게 하는 방법에 따라) 분류할 수 있는가? 그들을 비교할 수 있는가? 얼마나 많이 존재하는가?

풀이

집합 X에 대하여 다음과 같은 함수 $d : \mathrm{X} \times \mathrm{X} \to \mathbb{R}$를 거리라고 한다.

- $d(x, y) \geq 0$, 그리고 $d(x, y) = 0 \Leftrightarrow x = y$
- $d(x, y) = d(y, x)$
- $d(x, z) \leq d(x, y) + d(y, z)$

단위구간 (0, 1)에서 위의 조건을 만족하는 함수는 항상 거리가 될 수 있다. 이 거리를 원반에서 푸앵카레의 거리를 만들 때와 같이 단위구간을 특별한 방법으로 자르면 끝점에서 거리를 무한히 멀게 하는 거리를 만들 수 있다.

15.10 **과제** 모든 매끄러운 곡면은 적어도 하나의 리만 거리를 갖는다. 이것이 사실인 이유를 논의하여라. 하나만 존재하는가? 유한개가 존재하는가? 무한개가 존재하는가?

풀이

'매끄러운 곡면'은 곡면 각각의 점이 어떤 유클리드 평면의 열린집합으로 일종의 동형적인 근방이 존재하는 곡면을 말한다. 다시 말하면, 곡면 위의 각 점 P에서 접평면이 존재하고, 점 P가 곡면을 따라 움직일 때 이 접평면이 연속적으로 움직인다는 것을 의미한다.
따라서 매끄러운 곡면은 교집합이 없는 접평면의 합집합으로 나타낼 수 있어 리만 거리를 갖는다.

15.11 **과제** S를 유클리드 3차원 공간 $\mathbb{R}^3$에서 2차원 곡면이라 하자. P, $Q \in S$일 때, $\mathbb{R}^3$에서 P, Q를 연결하는 최소 길이의 지오데식 경로가 실제로 S에 놓여 있을 때 S를 완전 지오데식이라 부른다. 예를 들면, 구는 완전 지오데식이 아니다. 왜냐하면 구의 두 점을 연결하는 가장 짧은 경로는 선분이고 선분은 구에 놓여 있지 않기 때문이다. 이 주장을 자세히 서술하여라. $\mathbb{R}^3$에서 완전 지오데식 곡면의 예를 찾아라. 실제로 완전 지오데식 곡면은 어떤 의미에서는 유일함을 보여라.

풀이

$\mathbb{R}^3$에서 P, Q를 연결하는 가장 짧은 경로는 선분이고, 이 선분은 유클리드 평면 $\mathbb{R}^2$에 포함된다. 따라서 유클리드 평면 $\mathbb{R}^2$는 $\mathbb{R}^3$에서 완전 지오데식 곡면이다.

15.12 **과제** 만약 S와 T가 리만 거리를 가진 곡면이면,

$$S \times T = \{(s,\ t) \mid s \in S,\ t \in T\}$$

리만 거리(S와 T로부터 전승된)를 갖는다. 왜 그런지 설명하여라.

풀이

일반적으로 $(S,\ d_S)$와 $(T,\ d_T)$가 거리공간이면 $S \times T$에서의 거리는 $s_1,\ s_2 \in S$, $t_1,\ t_2 \in T$에 대하여

$$d((s_1,\ t_1),\ (s_2,\ t_2)) = ((d_S(s_1,\ s_2))^2 + d_T(t_1,\ t_2)^2)^{1/2}$$

과 같이 정의한다. 이 정의는 n차원 거리 공간에 대해서도 성립한다.

제16장 게오르크 칸토어와 무한의 순서

16.1 다음 집합의 기수를 구하여라(즉, 가산인가, 혹은 비가산인가?). 이 문제를 논의하여라.

(a) $\mathbb{N} \times \mathbb{Q}$

(b) $\mathbb{N} \times \mathbb{N}$

(c) $\mathbb{R} \times \mathbb{Q}$

(d) $P(\mathbb{Q})$ (즉, $\mathbb{Q}$의 모든 부분 집합들의 집합)

(e) $\mathbb{C}$

(f) $\mathbb{R} \setminus \mathbb{N}$ (즉, 자연수가 아닌 $\mathbb{R}$의 원소들)

(g) $\mathbb{Q} \setminus \mathbb{N}$ (즉, 자연수가 아닌 $\mathbb{Q}$의 원소들)

(h) 각 자리의 수가 3 또는 7인 유한 소수 또는 무한 소수 전체의 집합

(i) 각 자리의 수가 3 또는 7인 유한 소수 전체의 집합

(j) 정수 계수 이차방정식의 모든 해의 집합

(k) 실수 계수 이차방정식의 모든 해의 집합

(l) 원소가 3개 이상 8개 이하인 $\mathbb{N}$의 모든 부분집합들의 집합

(m) 원소가 적어도 6개인 $\mathbb{Z}$의 모든 부분집합들의 집합

풀이

(a) 가산집합 (b) 가산집합 (c) 비가산집합
(d) 비가산집합 (e) 비가산집합 (f) 비가산집합
(g) 가산집합 (h) 비가산집합 (i) 가산집합
(j) 가산집합 (k) 비가산집합 (l) 가산집합
(m) 가산집합

16.2 모든 무한집합이 가산 부분집합을 가지는 이유를 설명하여라. 이 문제를 논의하여라.

풀이

S를 무한집합이라 하자. S에서 하나의 원소 s_1을 꺼내고, 다시 s_1과 다른 원소 s_2를 꺼내고, 이와 같은 과정을 계속해 나가면, 이 작업은 멈추지 않는다. 왜냐하면, 만약 이 작업이 멈춘다면 S는 유한집합이기 때문이다. 이렇

게 차례로 꺼낸 원소들의 집합을 T라 하면 T의 원소는 자연수를 첨자로 갖기 때문에 분명히 가산집합이다.

16.3 S를 집합이라 하자. S의 멱집합은 S의 모든 부분집합의 모임이다. 예를 들면, 만약 $S=\{a, b, c\}$이면 S의 멱집합은 다음과 같다.

$$P(S)=\{\{a\}, \{b\}, \{c\}, \{a, b\}, \{a, c\}, \{b, c\}, \{a, b, c\}, \phi\}$$

$\{1, 2, 3, 4\}$의 멱집합을 구하여라.

풀이

$\{1, 2, 3, 4\}$의 멱집합은 다음과 같이 $2^4=16$개다.

$$\left\{\begin{array}{l}\varnothing, \\ \{1\}, \{2\}, \{3\}, \{4\}, \\ \{1, 2\}, \{1, 3\}, \{1, 4\}, \{2, 3\}, \{2, 4\}, \{3, 4\}, \\ \{1, 2, 3\}, \{1, 2, 4\}, \{1, 3, 4\}, \{2, 3, 4\}, \\ \{1, 2, 3, 4\}\end{array}\right\}$$

16.4 만약 S가 유한집합이라면, S의 멱집합(용어 설명은 연습문제 3을 참조)이 S보다 더 많은 원소를 가지는 이유를 설명하여라(엄밀한 증명은 생략하고). 이 문제를 논의하여라. $S=\{1, 2, 3\}$일 때, $S=\{1, 2, 3, 4, 5, 6\}$일 때, $S=\mathbb{Z}$일 때의 경우를 각각 검토하여라.

풀이

유한집합 S의 멱집합을 $P(S)$라 하고, 유한집합 S의 원소의 개수를 $n(S)$으로 나타내면, 항상 $n(P(S))=2^n>n=n(S)$ $(n=0, 1, 2, \cdots)$이다.

$S=\{1, 2, 3\}$일 때, $n(P(S))=2^3=8>3=n(S)$

$S=\{1, 2, 3, 4, 5, 6\}$일 때, $n(P(S))=2^6=64>6=n(S)$

$S=\mathbb{Z}$일 때, S는 가산집합이지만 $P(S)$는 비가산집합이다. $n(S)=\chi_0$(알레

프 영)이면 $n(P(S))=2^{\chi_0}>\chi_0=n(S)$이다.

16.5 (용어는 연습문제 3을 참조) S가 k개의 원소를 가진 유한집합이면 S의 멱집합은 2^k개의 원소를 가진다. 두 개의 원소를 가진 집합, 세 개의 원소를 가진 집합, 네 개의 원소를 가진 집합으로 이것을 확인해 보아라. 왜 이 주장이 일반적으로 참인지 설명하여라.

풀이

공집합 $\varnothing$는 임의의 집합의 부분집합이므로 $\varnothing$는 $P(A)$에 속한다. n개의 원소를 갖는 A의 부분집합의 개수는 n개의 원소 a_1, a_2, $\cdots$, a_n에서 r개의 원을 취한 조합 $\binom{n}{r}$이므로 $P(A)$의 원소의 개수는 ${}_nC_0+{}_nC_1+{}_nC_2+\cdots+{}_nC_n=(1+1)^n=2^n$이다.

16.6 (용어는 연습문제 3을 참조) S를 모든 양의 정수의 집합이라 하자. S의 멱집합을 생각해보자. 멱집합의 몇 개의 원소들을 써보아라. 멱집합에 얼마나 많은 원소들이 있는가? 멱집합은 가산인가, 비가산인가?

풀이

$S=\mathbb{N}$일 때, S는 가산집합이지만 $P(S)$는 비가산집합이다. $|S|=\chi_0$(알레프 영)이면 $|P(S)|=2^{\chi_0}$이다.

16.7 ϕ는 공집합이다. 임의의 집합 A에 대하여 $A\cup\phi=A$임을 확인하여라. 또한 $A\cap\phi=\phi$임을 보여라. 마지막으로, $\phi\subseteq\phi$을 확인하여라.

풀이

$x\in(A\cup\phi)\Leftrightarrow(x\in A)\vee(x\in\phi)\Leftrightarrow x\in A$이다. 따라서 $A\cup\phi=A$

$x\in(A\cap\phi)\Leftrightarrow(x\in A)\wedge(x\in\phi)\Leftrightarrow x\in\varnothing$이다. 따라서 $A\cap\phi=\varnothing$

공집합은 모든 집합의 부분집합이다. 즉 X를 임의의 집합이라 할 때 $\varnothing \subseteq X$이다. 위 사실의 증명은 다음과 같이 하면 된다. 우리가 보여야 할 것은 "모든 x에 대하여 $x \in \varnothing$ 이면 $x \in X$이다." 그런데 x가 무엇이 되든지 간에 $x \in \varnothing$는 성립할 수 없으므로 $x \in X$가 성립하든 말든 상관없이 함의명제 $x \in \varnothing \rightarrow x \in X$는 성립한다.

16.8 S와 T를 집합이라 하자. $S \cap T = \phi$가 참인 경우는 언제인가? $S \cup T = \phi$가 참인 경우는 언제인가? $S \times T = \phi$가 참인 경우는 언제인가?

풀이

S와 T 중 적어도 하나가 공집합 $\varnothing$일 때는 $S \cap T = \phi$와 $S \times T = \phi$가 참이다. 특히 S와 T가 모두 공집합 $\varnothing$이 아니고 공통 원소를 가지고 있지 않을 때, 두 집합은 서로소라 하고 $S \cap T = \phi$으로 표현한다. 그러나 $S \cup T = \phi$가 참인 경우는 S와 T가 모두 공집합 $\varnothing$일 때뿐이다.

16.9 S를 k개의 원소를 가진 집합이라 하자. $S \times \phi$의 원소의 개수는 몇 개인가?

풀이

문제 8에 의해 $S \times \phi$는 공집합이므로 원소를 하나도 가지지 않는다.

16.10 실수의 집합 $\mathbb{R}$을 유계인 폐구간 $[a, b]$의 가산 합집합으로 쓰는 것이 가능한가? 실수의 집합 $\mathbb{R}$을 유계인 개구간 (a, b)의 가산 합집합으로 쓰는 것이 가능한가? 실수의 집합 $\mathbb{R}$을 가산집합들의 가산 합집합으로 쓰는 것이 가능한가?

풀이

각 자연수 $n \in \mathbb{N}$에 대하여

$$A_n = (-n, n) = \{x \in \mathbb{R} \mid -n < x < n\} \subseteq \mathbb{R}$$

$$B_n = [-n, n] = \{x \in \mathbb{R} \mid -n \leq x \leq n\} \subseteq \mathbb{R}$$

로 놓자. 개구간 $(0,\ 1)$은 비가산집합임을 알고 있다. A_n, B_n은 함수 $f(x)=\dfrac{1}{2n}x+\dfrac{1}{2}$에 의하여 $(0,\ 1)$과 일대일 대응되기 때문에 두 집합 모두 비가산집합이다. 그리고

$$\cup_{n\in\mathbb{N}}A_n=\mathbb{R}=\cup_{n\in\mathbb{N}}B_n$$

이다. 그러나 따름정리 16.2에 의해 비가산집합 $\mathbb{R}$은 가산집합들의 합집합으로 표현될 수는 없다.

16.11 S와 T를 비가산집합이라 하자. $S\cup T$, $S\cap T$, $S\times T$의 기수에 대해서 무엇을 말할 수 있는가?

풀이

예를 들어, $S\cup T$와 $S\times T$는 비가산집합이고, $S\cap T$는 가산집합일 수도 있고 비가산집합일 수도 있다. 예를 들면, $S=(0,\ 1)$, $T=\mathbb{R}$로 놓으면 $S\cap T=(0,\ 1)$는 비가산집합이다.

16.12

$S_1=\{1\}$,

$S_2=\{1,\ 2\}$,

$S_3=\{1,\ 2,\ 3\}$,

$S_4=\{1,\ 2,\ 3,\ 4\}$,

$\cdots$

이라 하자. $S_1\times S_2\times\cdots$의 기수에 대해서 무엇을 말할 수 있는가?

풀이

자연수 i에 대하여 S_i는 가산집합이다. 그리고 $\cup_{i\in\mathbb{N}}S_i=\mathbb{N}$이다. 유한개 S_i의 곱집합은 가산집합이다(명제 16.1 참고). 그러나 $S_1\times S_2\times\cdots$는 무한개의 곱집합이다. 그런데 무한개의 곱집합은 함수를 이용하여 다음과 같이 정의할 수 있다.

$$S_1 \times S_2 \times \cdots = \Pi_{i\in\mathbb{N}} S_i = \{f \mid f : \mathbb{N} \to \cup_{i\in\mathbb{N}} S_i = \mathbb{N},\ f(i) \in S_i\}$$

이 집합은 자연수의 집합의 기수보다 더 크다. 따라서 비가산집합이다.

16.13 **과제** S를 어떤 집합이라 하자. $P(S)$는 S의 멱집합을 나타내자. 즉 S의 모든 부분집합의 모임이다. $P(S)$의 기수가 언제나 S의 기수보다 크다는 것이 칸토어의 기본적인 정리이다. 이 정리를 증명하여라.

풀이

유한집합 S의 멱집합을 $P(S)$라 하면, 우리가 보여야 할 것은

$$(S\text{의 원소의 개수}) < (P(S)\text{의 원소의 개수})$$

이다. (S의 원소의 개수) $\le$ ($P(S)$의 원소의 개수)임은 분명하다. 따라서 (S의 원소의 개수)와 ($P(S)$의 원소의 개수)가 같지 않음을 보이면 충분하다. S와 $P(S)$의 원소의 개수가 같다고 가정하자. 그러면 S에서 $P(S)$로의 일대일 대응인 함수 $f : S \to P(S)$가 적어도 하나 존재한다. S의 각 원소 s에 대응하는 $f(s)$는 f의 정의로부터 $f(s) \in P(S)$, 즉 $f(s)$는 S의 부분집합 중 하나이므로, s는 집합 $f(s)$에 속하거나 속하지 않거나 둘 중 하나이다. 이제 $A = \{s \mid s \in S,\ s \notin f(s)\}$라 하자. $A \subseteq S$이므로 $A \in P(S)$이고 f가 일대일 대응이라는 것으로부터 A에 대응하는 S의 원소가 단 하나 존재한다. 이것을 t라 하면 $t \in S$, $f(t) = A$이다. 그런데 만약 $t \in A$라고 하면 $t \notin f(t) = A$가 되어 모순이다. 반대로 만약 $t \notin A$라고 하면 $t \notin A = f(t)$가 되어 A의 정의에 의해 $t \in A$가 되어 모순이다. 따라서 S와 $P(S)$의 원소의 개수는 같지 않다.

16.14 **과제** S와 T를 집합이라 하자. 일대일 함수 $f : S \to T$와 또 다른 일대일 함수 $g : T \to S$가 존재한다고 가정하자. 왜 S와 T가 같은 기수를 가져야만 하는지 설명하여라.

풀이

S에서 T로의 전단사함수를 하나 만들면 된다. 먼저 원소 $y \in T - f(S)$에 대하여 유한번의 g와 f를 번갈아 시행하여 $x = g(f(g(\cdots f(g(y))\cdots)))$로 표현될 수 있는 S의 원소들의 집합을 A라 하자. 즉 $A = \{x \in S |$ 어떤 $y \in T - f(S)$에 대하여 $x = g(f(g(\cdots f(g(y))\cdots)))\}$. 함수 g를 마지막에 시행했으므로 $A \subset g(T) \subset S$임이 분명하다. 다음과 같이 함수 $h : S \to T$를 정의하자.

$$h(x) = \begin{cases} f(x) & (x \in S - A) \\ g^{-1}(x) & (x \in A) \end{cases}$$

여기서 $g : T \to A \subset g(T)$는 전단사함수이기 때문에 역함수 g^{-1}를 사용하였다.

(ㄱ) h는 단사함수이다.

(증명) $S - A(\subset S)$에서 정의된 f는 단사함수이고 $A(\subset g(T))$에서 정의된 g^{-1}는 단사함수이다. 만약 $f(x) = g^{-1}(y)(x \in S - A,\ y \in A)$이라 가정하면,

$$g(f(x)) = y \in A$$

이므로 집합 A의 정의로부터 $x \in A$이어야 한다. 이는 모순이다. 따라서 $h : S \to T$는 단사함수이다.

(ㄴ) h는 전사함수이다.

(증명) $t \in T$에 대하여 $h(s) = t$를 만족하는 $s \in S$가 존재함을 보이면 된다.

(경우 1) $g(t) \in A$일 때, $h(g(t)) = g^{-1}(g(t)) = t$. 따라서 $s = g(t)$로 잡으면 된다.

(경우 2) $g(t) \not\in A$일 때, $h(s) = t$를 만족하는 s는 $S - A$의 원소이다. 왜냐하면, $s \in A$이면 다시 A의 정의에 의해 $g(t) = g(f(s)) \in A$가 되어 모순이기 때문이다. 따라서 $s \in S - A$이면 $h(s) = f(s) = t$이다.

(ㄱ), (ㄴ)에 의해서 $h : S \to T$는 전단사함수이다.

16.15 **과제** S와 T를 집합이라 하자. $f : S \to T$와 $g : T \to S$는 임의의 함수라 가정하자(단사, 전사일 필요는 없다.). $f(A) = B$와 $G(T \setminus B) = S \setminus A$를 만족하는 부분집합 $A \subseteq S$와 $B \subseteq T$가 존재하는 것을 보여라.

풀이

S의 부분집합들의 집합에서 정의되는 다음과 같은 함수 Φ를 생각하자.

$$\Phi(A) = S \setminus g(T \setminus f(A))$$

그러면 S의 임의의 부분집합 A, B에 대하여 $A \subset B$이면 $\Phi(A) \subset \Phi(B)$이다.

여기에 타르스키(Tarski)의 고정점 정리를 이용하면 $\Phi(A) = A$인 부분집합 A가 S에 존재하므로 $g(T \setminus f(A)) = S \setminus A$, 즉 $g(T \setminus B) = S \setminus A$이다.

이것을 바나흐의 분해정리(Banach's Decomposition Theorem)라고 한다.

제17장 수체계

17.1 정수에서 덧셈의 정의를 이용하여 임의의 정수 m, n에 대하여 $m+n=n+m$을 증명하여라.

풀이

덧셈의 정의를 이용한다.

17.2 정수에서 곱셈의 정의를 이용하여 임의의 정수 m, n에 대하여 $mn=nm$을 증명하여라.

풀이

곱셈의 정의를 이용한다.

17.3 n은 정수, k는 영이 아닌 정수이고, $nk=0$일 때, $n=0$임을 설명하여라.

풀이

$0=nk\times\frac{1}{k}=n\times\left(k\times\frac{1}{k}\right)=n\times1$이므로 $n=0$이다.

17.4 q는 유리수, n은 정수이고, $q+n$이 정수라고 가정하자. q에 대해서 어떤 결론을 내릴 수 있는가?

풀이

$q=$(정수)$-n$인데 정수는 뺄셈에 대하여 닫혀 있으므로 q도 정수이다.

17.5 q는 유리수, n은 영이 아닌 정수이고, qn이 정수라고 가정하자. q에 대해서 어떤 결론을 내릴 수 있는가? [힌트 : q는 정수이다는 정확한 답이 아니다.]

풀이

$q=\frac{a}{b}$ (a, b는 서로소인 정수, $b\neq0$)라고 하면 $qn=\frac{an}{b}$이 정수가 되어야

하므로 n은 q의 분모로 나누어떨어진다.

17.6 q, r은 유리수라 가정하자. q와 r의 가장 작은 공통분모가 무엇인지에 대해 정확히 설명하여라. 가장 작은 공통분모를 찾는 방법을 설명하여라.

풀이

두 유리수 q, r의 분모의 최소공배수이다.

17.7 k와 n이 자연수일 때, k와 n의 최대공약수가 무엇인지 정확히 말하여라. 최대공약수를 찾는 방법을 설명하여라.

풀이

k와 n을 소인수분해하였을 때, 양쪽에 모두 포함된 소수의 곱이 최대공약수이다.

17.8 r이 실수이고 s가 또 다른 실수일 때, r^s이 갖는 의미가 무엇인지를 설명하여라.

풀이

유리수로 된 수열 a_n이 있어 $\lim\limits_{n\to\infty} a_n = s$라고 하자. 그러면 $r^s = \lim\limits_{n\to\infty} r^{a_n}$, 즉, r^{a_1}, r^{a_2}, r^{a_3}, $\cdots$의 극한값을 의미한다.

17.9 방정식 $(x+iy)^2 = 1+i$를 풀어 복소수 $1+i$의 제곱근을 구하여라.

풀이

$x^2 - y^2 + 2xyi = 1+i$에서 $x^2 - y^2 = 1$, $2xy = 1$이다.

$y = \dfrac{1}{2x}$을 $x^2 - y^2 = 1$에 대입하면 $x^2 - \dfrac{1}{4x^2} = 1$, $4x^4 - 4x^2 - 1 = 0$이다.

여기서 $x^2=\dfrac{1\pm\sqrt{2}}{2}$, $x=\pm\sqrt{\dfrac{1\pm\sqrt{2}}{2}}$, $y=\pm\dfrac{1}{2\sqrt{\dfrac{1\pm\sqrt{2}}{2}}}$을 얻는다.

17.10 고등학교에서 가끔 다음과 같은 추론을 통해 정수에 대해 산술법을 '발견'한다. $-3+1$의 값이 무엇인지를 이해하고 싶다. 다음과 같은 표현

$$6+(-3+1)=(6+(-3))+1=3+1=4$$

에서 $-3+1=-2$라고 결론내릴 수 있다. 비슷한 방법으로 $-2\cdot 4$의 값을 알고 싶다고 하자. 다음과 같은 표현

$$(-2+5)\cdot 4=[(-2)\cdot 4]+[5\cdot 4]$$

에서 좌변과 우변을 간단히 하면 그 결과는

$$3\cdot 4=[(-2)\cdot 4]+20 \quad \text{혹은} \quad 12=[(-2)\cdot 4]+20$$

이다. 결과는

$$-[(-2)\cdot 4]=8 \quad \text{혹은} \quad (-2)\cdot 4=-8$$

이다.

두 번째 추론이 틀린 것은 아니다. 그러나 기본적인 쟁점을 무시했다. 그것은 무엇인가?

풀이

$-3+1$의 값을 알고 싶다는 것은 아직 음수와 양수의 덧셈을 처리하는 방법을 모른다는 것이다. 그런데 이 과정에서 $6+(-3)=3$, $-2+5=3$으로 계산하여 순환논리에 빠진 셈이다.

17.11 왜 $\sqrt{2}$는 유리수가 아니고 실수인지 설명하여라.

풀이

$\sqrt{2}$를 유리수라고 가정하면 $\sqrt{2}=\frac{p}{q}$라고 나타낼 수 있다. 이때, 두 양의 정수 p, $q\,(p>q)$를 가장 작은 정수로 가정하자.

그러면 $p=\sqrt{2}\,q$, $p^2=2q^2$이고 따라서

$$p^2-pq=2q^2-pq \quad \text{또는} \quad p(p-q)=q(2q-p)$$

이다. 그러므로 등식

$$\frac{p}{q}=\frac{2q-p}{p-q}$$

을 얻는다. 그런데 $0<p-q<p$이므로 최소 정수 선택에 모순이 생긴다. 따라서 $\sqrt{2}$는 무리수이다.

17.12 왜 π는 유리수가 아니고 실수인지 설명하여라. 이 문제를 토론하여라.

풀이

두 유리수의 곱은 유리수이기 때문에 π^2이 무리수이면 π도 무리수이다. 다음은 π^2이 무리수임을 보인 것이다.

양의 두 정수 a, b에 대하여 $\pi^2=\frac{a}{b}$라 가정하자. 먼저

$$f(x)=\frac{x^n(1-x)^n}{n!}$$

로 정의하자. 즉, $f(x)=\frac{1}{n!}\sum_{k=0}^{n}\binom{n}{k}(-1)^k x^{n+k}$으로 n차항부터 $2n$차항으로 이루어져 있다. 따라서 $r<n$ 또는 $r>2n$일 때, $f^{(r)}(0)=0$이고 $m=1$, 2, $\cdots$, $n-1$일 때,

$$f^{(n+m)}(x)=\frac{1}{n!}\sum_{k=m}^{n}\binom{n}{k}\frac{(n+k)!}{(k-m)!}(-1)^k x^{k-m}$$

이므로 임의의 양의 정수 s에 대하여 $f^{(s)}(0)$는 정수이다. 또한 $f(1-x)$

$=f(x)$이므로 $f^{(s)}(1)$도 정수이다. 개구간 $0<x<1$에서

$$0<f(x)<\frac{1}{n!}$$

임을 쉽게 알 수 있다. 이제 가정 $\pi^2=\frac{a}{b}$에서 양의 정수 b와 $f(x)$를 이용하여 임의의 양의 정수 n에 대하여

$$F_n(x)=b_n(\pi^{2n}f(x)-\pi^{2n-2}f^{(2)}(x)+\pi^{2n-4}f^{(4)}(x) \\ -\cdots+(-1)^n f^{(2n)}(x))$$

로 정의하자. 이 때, $b^n\pi^{2n}$, $b^n\pi^{2n-2}$, $\cdots$, b^n은 모두 정수이므로 $F_n(0)$, $F_n(1)$은 정수이다. 한편, 다음 미분을 계산하자.

$$\begin{aligned}\frac{d}{dx}[F_n'(x)\sin\pi x-\pi F_n(x)\cos\pi x]&=[F_n''(x)+\pi^2F_n(x)]\sin\pi x\\&=b^n\pi^{2n+2}f(x)\sin\pi x\\&=\pi^2a^nf(x)\sin\pi x\end{aligned}$$

이를 정적분으로 고쳐 쓰면

$$\begin{aligned}\int_0^1\pi a^nf(x)\sin\pi x dx&=\left[\frac{F_n(x)\sin\pi x}{\pi}-F_n(x)\cos\pi x\right]_0^1\\&=F_n(1)+F_n(0)\end{aligned}$$

으로 정수값이다.

충분히 큰 정수 n에 대하여 $0<\frac{\pi a^n}{n!}<1$이므로

$$0<\int_0^1\pi a^nf(x)\sin\pi x dx<\frac{\pi a^n}{n!}<1$$

로 식 $\int_0^1\pi a^nf(x)\sin\pi x dx$은 정수가 아니므로 모순이 발생한다. 따라서 π^2은 무리수이다.

17.13 **과제** 다음과 같은 연산이 정의된 $\mathbb{R}^4 \equiv \mathbb{R} \times \mathbb{R} \times \mathbb{R} \times \mathbb{R}$을 생각하자. $\mathrm{i} = (0,\ 1,\ 0,\ 0)$, $\mathrm{j} = (0,\ 0,\ 1,\ 0)$, $\mathrm{k} = (0,\ 0,\ 0,\ 1)$이고 $(1,\ 0,\ 0,\ 0)$을 1로 나타낸다고 하자. 곱셈은 다음과 같이 정의한다.

$$
\begin{array}{lll}
\mathrm{i} \cdot \mathrm{i} = -1, & \mathrm{j} \cdot \mathrm{j} = -1, & \mathrm{k} \cdot \mathrm{k} = -1 \\
\mathrm{i} \cdot \mathrm{j} = \mathrm{k}, & \mathrm{j} \cdot \mathrm{k} = \mathrm{i}, & \mathrm{k} \cdot \mathrm{i} = \mathrm{j} \\
\mathrm{j} \cdot \mathrm{i} = -\mathrm{k}, & \mathrm{k} \cdot \mathrm{j} = -\mathrm{i}, & \mathrm{i} \cdot \mathrm{k} = -\mathrm{j}.
\end{array}
$$

모든 원소 z에 원소 1을 곱하면 항상 z이고, 특별히 $1 \cdot 1 = 1$이다.

마지막으로, 두 수 $z = (z_1,\ z_2,\ z_3,\ z_4)$, $w = (w_1,\ w_2,\ w_3,\ w_4)$는 다음과 같이 나타낸다.

$$
\begin{aligned}
z &= z_1 \cdot \mathbf{1} + z_2\boldsymbol{i} + z_3\boldsymbol{j} + z_4\boldsymbol{k} \\
w &= w_1 \cdot \mathbf{1} + w_2\boldsymbol{i} + w_3\boldsymbol{j} + w_4\boldsymbol{k}.
\end{aligned}
$$

그러면 $z \cdot w$는 분배법칙과 앞에서 정의한 곱셈에 의하여 정의된다. 예를 들어,

$$
\begin{aligned}
(2,\ 0,\ 1,\ 3) \cdot (-4,\ 1,\ 0,\ 1) &= [2 \cdot 1 + \mathrm{j} + 3\mathrm{k}] \cdot [-4 \cdot 1 + \mathrm{i} + \mathrm{k}] \\
&= (2 \cdot (-4)) \cdot 1 + (2\mathrm{i}) + (2\mathrm{k}) \\
&\quad + (\mathrm{j} \cdot (-4)) + (\mathrm{j} \cdot \mathrm{i}) + (\mathrm{j} \cdot \mathrm{k}) \\
&\quad + (3\mathrm{k} \cdot (-4)) + (3\mathrm{k} \cdot \mathrm{i}) + (3\mathrm{k} \cdot \mathrm{k}) \\
&= -8 \cdot 1 + 2\mathrm{i} + 2\mathrm{k} - 4\mathrm{j} - \mathrm{k} + \mathrm{i} - 12\mathrm{k} + 3\mathrm{j} - 3 \cdot 1 \\
&= -11 \cdot 1 + 3\mathrm{i} - \mathrm{j} - 11\mathrm{k} = (-11,\ 3,\ -1,\ -11)
\end{aligned}
$$

이런 수를 사원수라고 한다.

두 사원수의 덧셈은 간단히 원소끼리 하면 된다. 두 수 $z = (z_1,\ z_2,\ z_3,\ z_4)$, $w = (w_1,\ w_2,\ w_3,\ w_4)$에 대하여

$$
z + w = (z_1 + w_1,\ z_2 + w_2,\ z_3 + w_3,\ z_4 + w_4)
$$

이다. 덧셈에 대한 항등원이 $(0,\ 0,\ 0,\ 0)$이고, 곱셈에 대한 항등원이 $1 = (1,\ 0,\ 0,\ 0)$임을 밝혀라.

이것은 영이 아닌 사원수들이 (교환법칙이 성립하는)유일한 역수를 가지는지

확인하면 된다. 그러나 곱셈은 가환적이지 않기 때문에 사원수는 체가 아니다. 이런 대수 구조를 나눗셈 환이라고 한다.

두 수 $z=2\cdot 1+3\mathbf{i}-5\mathbf{j}+9\mathbf{k}$, $w=-4\cdot 1-6\mathbf{i}+2\mathbf{j}+8\mathbf{k}$에 대해서 $z\cdot w^{-1}$과 $w^{-1}\cdot z$을 구하여라.

풀이

$w^{-1}=-\frac{1}{30}+\frac{1}{20}\mathbf{i}-\frac{1}{60}\mathbf{j}-\frac{1}{15}\mathbf{k}$를 적용하면

$$z\cdot w^{-1}=\frac{18+29\mathbf{i}-7\mathbf{j}-14\mathbf{k}}{60},\quad w^{-1}\cdot z=\frac{11-29\mathbf{i}-31\mathbf{j}-38\mathbf{k}}{60}$$

로 $z\cdot w^{-1}$과 $w^{-1}\cdot z$의 값이 서로 다르다.

17.14 과제 $\mathbb{R}^8$에 덧셈과 곱셈 구조를 만드는 것도 가능하다. 곱셈은 교환법칙도 성립하지 않고 결합법칙도 성립하지 않는다. 여기서 만들어지는 8차원 대수 구조를 케일리 수라고 하는데, 케일리 수에 대해서 여기에서 자세히 설명하지는 않으려고 한다. 자연스러운 방법으로 덧셈과 곱셈을 정의할 수 있는(따라서 대수적 연산이 자연스럽게 순서쌍의 함수가 되는) 유클리드의 공간이 $\mathbb{R}^1$, $\mathbb{R}^2$, $\mathbb{R}^4$, $\mathbb{R}^8$뿐이라는 사실은 20세기 수학의 위대한 정리 중의 하나이다.
사실 복소수는 케일리 수의 부분체이고 사원수는 케일리 수의 자연스러운 부분 나눗셈환이다. 케일리 수에 대해서 위키피디아에서 조사해보고 위 주장을 확인하여라.

풀이

실수에서 복소수, 복소수에서 사원수로 수의 범위를 넓혀나가면서 사원수를 확장한 수에 대해서도 연구가 시작되었다. 해밀턴이 복소수의 곱셈 구조를 확장하다가 허수를 두 개 더해야 한다는 사실을 발견했던 것처럼, 사원수를 확장한 수는 허수 단위를 네 개나 더 더해야 했다. 즉, 사원수를 확장하면 실수 단위 하나와 허수 단위 일곱 개로 이루어진 팔원수(octonion)가 된다. 이 수는 영국의 수학자 케일리(Arthur Cayley)가 만들어내었다.

팔원수는 $|ab| = |a||b|$와 같이 곱을 보존시키는 수 중 가장 조건이 완화된 수이다. 팔원수는 사원수를 포함하므로 당연히 교환법칙은 성립하지 않고, 뿐만 아니라 결합법칙마저 성립하지 않는다. 따라서 팔원수는 복소수로 이루어진 행렬로 나타낼 수는 없고 사원수로 이루어진 행렬로 나타낼 수 있다.

17.15 과제 실수를 확장하는 다양한 수체계가 흥미 있고 호기심을 불러일으키는 방법으로 만들어져왔다. 1960년에 에이브러햄 로빈슨은 실수뿐만 아니라 무한소(어느 실수보다도 작은 양수)와 무한대(어느 실수보다도 큰 양수)를 포함하는 초실수를 개발하였다.

최근에는 존 호톤 콘웨이가 초현실적 수를 만들었다. 초현실적 수는 도날드 크누스의 소설책 《초현실적 수 : 어떻게 해서 순수수학에 빠져버린 두 명의 졸업생들이 마침내 완전한 행복을 얻게 되었는가》에 처음으로 등장한다. 초현실적 수는 초실수와 (칸토어의 기수－16장을 보라)와 관련된 다른 수들도 포함한다. 케이슬러의 책과 크누스의 책을 찾아보고 두 가지의 새로운 수체계가 어떻게 연관되는지 설명하여라.

풀이

초현실적 수도 초실수와 마찬가지로 실수와 무한소, 무한대를 모두 포함하는 수체계이다. 초현실적 수에서는 '무한대에서 3 빼기', '무한대의 제곱' 등이 모두 가능한데, 콘웨이가 게임 이론을 설명하는데 사용하였지만 더 폭넓게 사용될 것으로 기대된다.

초현실적 수는 이미 만들어진 초현실적 수의 집합의 쌍이다. 이 수는 '왼쪽 집합'과 '오른쪽 집합'이다. 오른쪽 집합의 원소는 왼쪽 집합의 원소보다 크다.

초현실적 수를 만들기 전에는 어떤 초현실적 수도 모르고 있으므로 오른쪽 집합, 왼쪽 집합은 모두 공집합이다. 따라서 첫째 초현실적 수는 $\{\varnothing | \varnothing\}$이다. 이것을 간단히 $\{|\}$와 같이 나타내자. 오른쪽 집합, 왼쪽 집합에서 크기를 비교할 것이 없으므로 이 수를 0이라고 하면 첫째 초현실적 수가 만들어졌다. 이제 첫째 초현실적 수로 그 다음 초현실적 수를 만들기 위하여

$$\{0|\},\ \{|0\},\ \{0|0\}$$

을 생각할 수 있다. 여기서 $\{0|\}=1$, $\{|0\}=-1$을 만들어낸다.
이와 같은 식으로 실수를 포함하는 초현실적 수를 만들면 실수와 같이 사칙연산도 정의되고 덧셈과 뺄셈에 대한 교환법칙, 결합법칙도 모두 성립함을 확인할 수 있다.

제18장 앙리 푸앵카레와 위상기하학

18.1 그림 18.28에 나와 있는 두 영역을 비교하여라. 호모토피의 개념을 사용하여 두 영역이 위상동형이 아님을 설명하여라. 이 문제를 논의하여라.

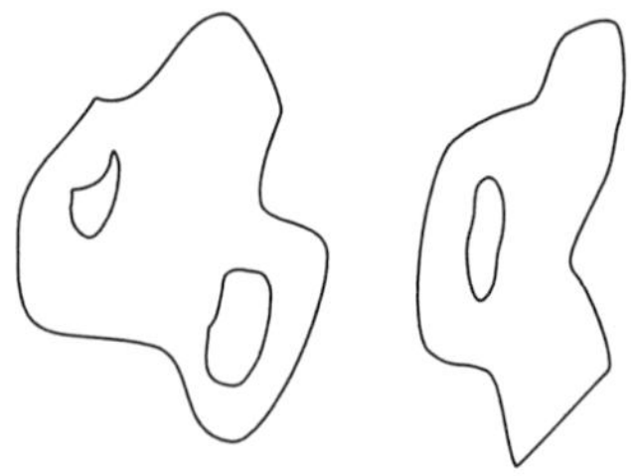

그림 18.28 _ 두 개의 동형

풀이

다음과 같이 두 가지 설명이 가능하다.

설명 1 : [그림 18.28]의 왼쪽 그림에는 세 개의 단순폐곡선이 있고, 오른쪽 그림에는 두 개의 단순폐곡선이 있다. 오른쪽 그림의 안쪽 폐곡선이 연속적으로 변하면서 바깥쪽 폐곡선으로 변형이 가능하지만 왼쪽 그림의 안쪽 두 폐곡선은 연속적으로 변하면서 바깥쪽 폐곡선으로 변형이 불가능하다. 따라서 위상동형이 아니다. 위상동형이라면 연결영역은 연결영역으로 가야 하기 때문이다.

설명 2 : 왼쪽 그림에는 두 개의 구멍이 있고, 오른쪽 그림에는 한 개의 구멍이 있다. 오른쪽 그림에서 안쪽 폐곡선과 바깥쪽 폐곡선 사이를 한 번 절단하여 변형시키면 그 결과는 구멍이 없는 원반과 위상동형이고, 왼쪽 그림에서 안쪽 두 폐곡선 중 하나와 바깥쪽 폐곡선 사이를 한 번 절단하여 변형시키면 구멍이 하나 있는 환형과 위상동형이다. 그런데 원과 환형은 위상동형이 아니다(문제 4번 참조). 위상동형이 아닌 이유를 좀 더 수학적인 용어로 이야기하면 구멍이 하나 있는 것은 지너스(genus)가 1이고, 구멍이 두 개 있는 것은 지너스가 2이다.

참고 연결가향곡면(connected orientable surface)에서 교차하지 않는 단순폐곡선(simple closed curve)을 따라 잘랐을 때, 그 결과가 연결가향곡면이 되도록 하는 단순 폐곡선의 최대 개수를 지너스(genus)라 한다.

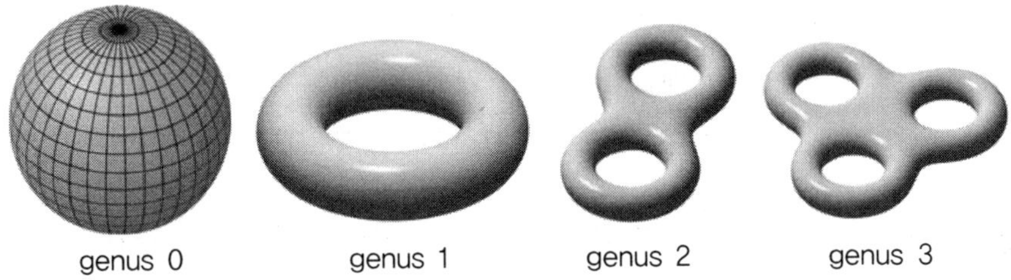

18.2 그림 18.29의 매듭을 살펴보자. 이것은 전형적인 세 잎 모양 매듭이다. 대부분의 사람들이 묶을 줄 아는 매듭이고 신발을 묶는 데 사용되는 매듭이다. 매듭 이론은 연구가 활발한 분야이다. 실제로, 매듭 이론은 이론물리학, 수리해석학, 그리고 위상기하학에 사용된다. 수학자는 매듭을 원(단순 폐곡선)이 공간에 포함되는 것이라고 생각했다(그림 18.30). 그림 18.30에서 매듭지어진 곡선과 매듭이 풀어진 곡선이 왜 위상동형인지를 설명하여라.

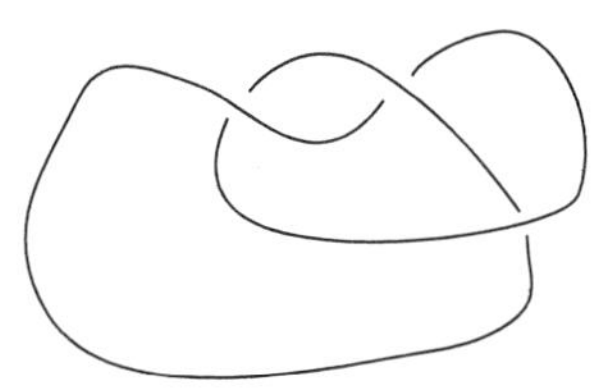

그림 18.29 _ 세 잎 매듭

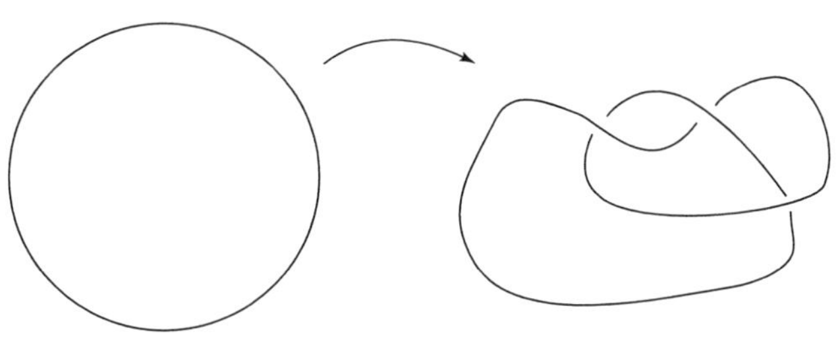

그림 18.30 _ 매듭은 원이 공간에 포함된 것이다

더 간단히 말하면, 지너스는 연결가향곡면이 가지고 있는 구멍의 개수와 같다.

풀이

매듭이 풀어진 곡선(원)을 공간에서 구부리거나 늘이는 것으로 매듭지어진 곡선(세 잎 매듭)을 만들 수 있다. 왜냐하면, 매듭지어진 곡선(세 잎 매듭)의

한 부분을 절단하면 스스로 꼬이지 않고 풀어지면서 직선이 되고 이 직선의 양끝은 붙이면 매듭이 풀어진 곡선(원)이 되기 때문이다.

18.3 함수 $f(x)=1/x$는 유계인 구간 $(0,\ 1)$에서 유계가 아닌 구간 $(1,\ \infty)$으로 가는 위상동형사상이다. 이 위상동형사상이 어떻게 사상되는지 그림으로 설명하여라.

풀이

아래 그림에서 알 수 있듯이 함수 $f:(0,\ 1)\to(1,\ \infty)$, $f(x)=\dfrac{1}{x}$는 전단사이고 연속함수이며 역함수 f^{-1}도 연속함수이기 때문에 유계인 구간 $(0,\ 1)$과 유계가 아닌 구간 $(1,\ \infty)$는 위상동형이다.

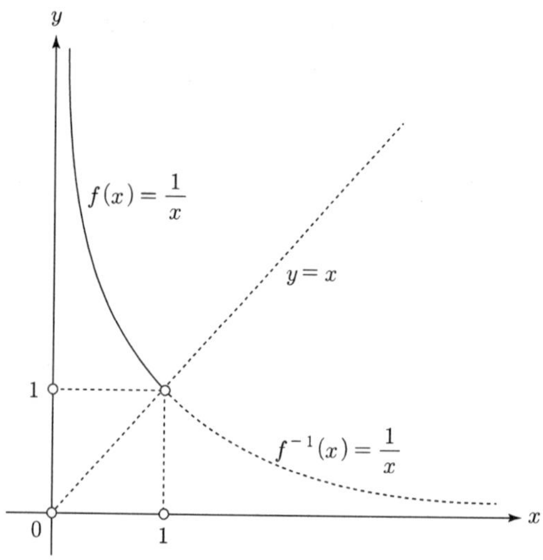

18.4 원(원반이 아닌)과 (열린)환형은 같은 호모토피를 갖는다(그림 18.31). 즉, 원 안의 단순 폐곡선과 환형 안의 단순 폐곡선 사이에는 대응이 존재한다. 그러나 원과 환형은 위상동형이 아니다. 이것을 설명하여라.

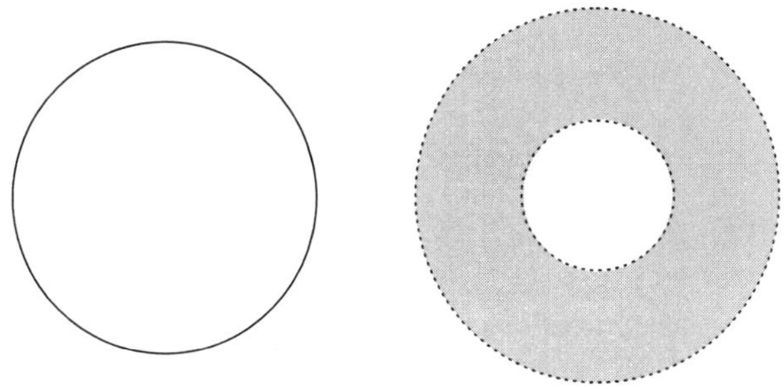

그림 18.31 _ 원과 환형은 같은 호모토피를 갖는다.

풀이

(열린)환형 안에 있는 단순 폐곡선인 원은 안과 밖의 원으로 연속적으로 변형할 수 있으므로 호모토피가 존재한다. 하지만, 원과 환형은 위상동형이 아니다. 위상동형사상이 있다면 두 점을 빼도 위상동형사상이 되는 데 원에서 두 점을 제거하면 두 개의 연결영역으로 나뉘게 되지만 환형에서는 두 점을 제거해도 하나의 연결영역이 된다. 따라서 원과 환형은 위상동형이 아니다.

18.5 함수 $(x, y) \mapsto \left(\dfrac{x}{x^2+y^2}, \dfrac{y}{x^2+y^2}\right)$는 구멍이 있는 원반 $\hat{D} = \{(x, y) : 0 < x^2+y^2 < 1\}$에서 집합 $U = \{(x, y) : 1 < x^2+y^2 < \infty\}$으로 가는 위상동형사상이다. 이들 집합들 중 하나는 유계이고 다른 하나는 유계가 아니다. 이 위상동형사상의 본질을 설명하여라. $\hat{D}$ 안에 몇 개의 곡선을 그려 넣고 U 안에 어떤 곡선과 대응하는지를 보여라.

풀이

$\hat{D}$는 유계이나 U는 유계가 아니다.

또한 $F : U \to \hat{D}$, $F(x, y) = \left(\dfrac{x}{x^2+y^2}, \dfrac{y}{x^2+y^2}\right)$라 하면, 다음의 이유 (1), (2), (3)에 의해 F는 위상동형사상이다.

(1) F는 U에서 연속함수이다. 왜냐하면 $(a, b) \in U$에 대하여,

$$\lim_{(x,y)\to(a,b)} F(x,\ y)=\left(\frac{a}{a^2+b^2},\ \frac{b}{a^2+b^2}\right)=F(a,\ b)$$

(2) F는 U에서 전단사함수이다. 왜냐하면,

$(x_1,\ y_1)=(x_2,\ y_2) \Leftrightarrow x_1=x_2,\ y_1=y_2$일 때,

$$F(x_1,\ y_1)=\left(\frac{x_1}{x_1^2+y_1^2},\ \frac{y_1}{x_1^2+y_1^2}\right)=\left(\frac{x_2}{x_2^2+y_2^2},\ \frac{y_2}{x_2^2+y_2^2}\right)=F(x_2,\ y_2)$$

이므로 F는 U에서 단사함수이고, $(x,\ y)\in U,\ 1<x^2+y^2<\infty$일 때,

$$0<\left(\frac{x}{x^2+y^2}\right)^2+\left(\frac{y}{x^2+y^2}\right)^2=\frac{x^2+y^2}{(x^2+y^2)^2}=\frac{1}{x^2+y^2}<1$$

이므로 F의 치역은 $\hat{D}$, 즉 F는 전사함수이다.

(3) F의 역함수 G도 연속함수이다. 왜냐하면, F와 G가 서로 역함수이므로 $F(G(x,\ y))=(x,\ y)$이다.

$$\begin{aligned}&\lim_{(x,y)\to(a,b)} F(G(x,\ y))=\lim_{(x,y)\to(a,b)}(x,\ y)\\ &\Rightarrow F\left(\lim_{(x,y)\to(a,b)} G(x,\ y)\right)=(a,\ b)\\ &\Rightarrow G\left(F\left(\lim_{(x,y)\to(a,b)} G(x,\ y)\right)\right)=G(a,\ b)\\ &\Rightarrow \lim_{(x,y)\to(a,b)} G(x,\ y)=G(a,\ b)\end{aligned}$$

마지막으로, $\hat{D}$와 U에서 원점을 포함한 단순 폐곡선끼리, 그리고 원점을 포함하지 않은 단순 폐곡선끼리 대응을 시키면 된다.

18.6 모든 집합이 고정점의 특성을 가지는 것은 아니다. 원을 생각하자.

$$S=\{(x,\ y):x^2+y^2=1\}$$

함수 $(x,\ y)\mapsto(-y,\ x)$는 이 원을 90도 회전시킨다. 이것은 원에서 원으로 가는 연속함수이며, 또한 일대일대응이다. 그러나 고정점이 없다. 이제 3차원 공간

에서 단위 구를 생각하자. 고정점이 없는 구에서 구로의 연속함수를 묘사하여라.

풀이

단위 구를 먼저 z축에 대해 90도 회전시키고 나서 xy평면에 대해 대칭이동(위쪽 반구와 아래쪽 반구를 교환)하는 함수는 연속이지만 고정점을 갖지 않는다.

18.7 문제 6과 연관이 있다. 고정점을 가지지 않는 열린 단위 구간 $(0,\ 1)$에서 $(0,\ 1)$로의 연속함수를 설명하여라. 고정점이 없는 실수에서 실수로의 연속함수를 설명하여라.

풀이

아래 그림과 같이 함수

$$f:(0,\ 1)\to(0,\ 1),\ f(x)=mx\ (m\neq 1)$$

는 연속함수이지만 고정점을 가지지 않는다. 마찬가지로, 함수

$$f:\mathbb{R}\to\mathbb{R},\ f(x)=x+k\ (k\neq 0)$$

는 연속함수이지만 고정점을 가지지 않는다.

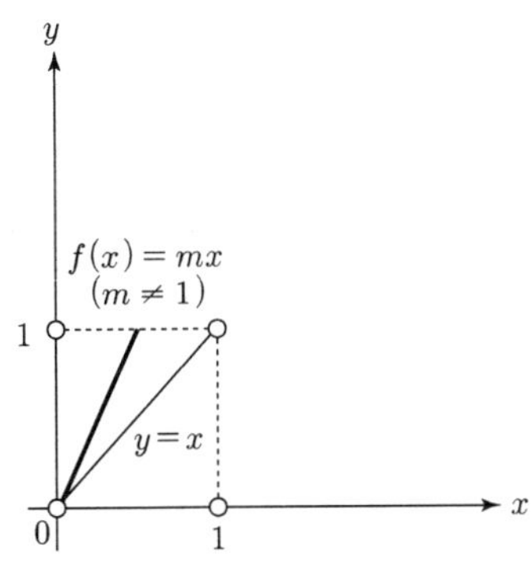

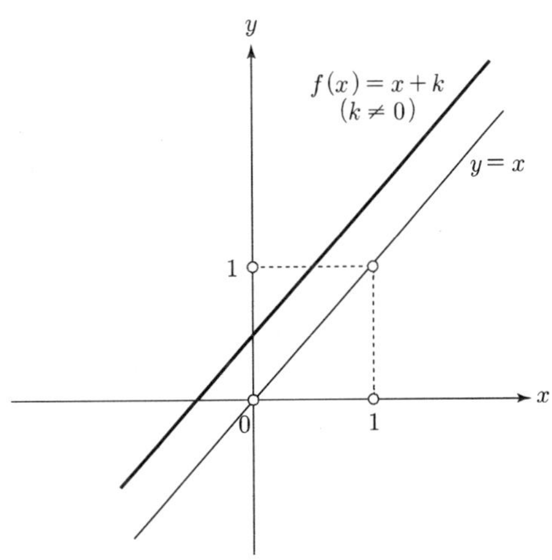

18.8 고정점이 2개인 닫힌 단위 구간 $I=[0,\ 1]$에서 I로의 연속함수의 예를 들어라.

풀이

아래 그림과 같이 중심이 $(0,\ 1)$이고 반지름이 1인 원의 아래 부분의 오른쪽 절반을 택하는 함수

$$f(x)=1-\sqrt{1-x^2}\ (0\le x\le 1)$$

은 $[0,\ 1]$에서 연속이고 고정점은 $x=0,\ 1$뿐이다. 즉 $f(0)=0,\ f(1)=1$이다.

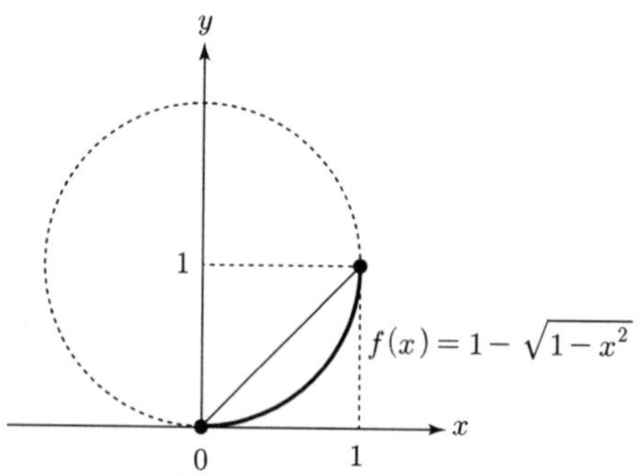

18.9 문제 8과 연관이 있다. 고정점을 2개 가지는 닫힌 단위 원반

$$\{(x,\ y):x^2+y^2\le 1\}$$

에서 자기 자신으로의 연속함수의 예를 들어라.

풀이

복소평면에서, 단위 원반 $\{z=x+iy\in\mathbb{C}\,|\,|z|\le 1\}$에서 단위 원반으로 가는 다음과 같은 복소함수

$$f(z)=\frac{z+\frac{1}{2}}{1+\frac{z}{2}},\quad g(z)=\frac{2z^3+1}{2+z^3}$$

은 연속이고, 고정점은 $z=1, -1$뿐이다. 즉

$$f(1)=\frac{1+\frac{1}{2}}{1+\frac{1}{2}}=1,\quad g(1)=\frac{2+1}{2+1}=1,$$

$$f(-1)=\frac{-1+\frac{1}{2}}{1-\frac{1}{2}}=-1,\quad g(-1)=\frac{-2+1}{2-1}=-1$$

18.10 그림 18.32에서 오직 햄과 빵만을 가진 2차원 일반화된 햄샌드위치를 살펴보자. 햄과 빵을 2등분하는 선형 절단을 찾는 방법을 서술하여라.

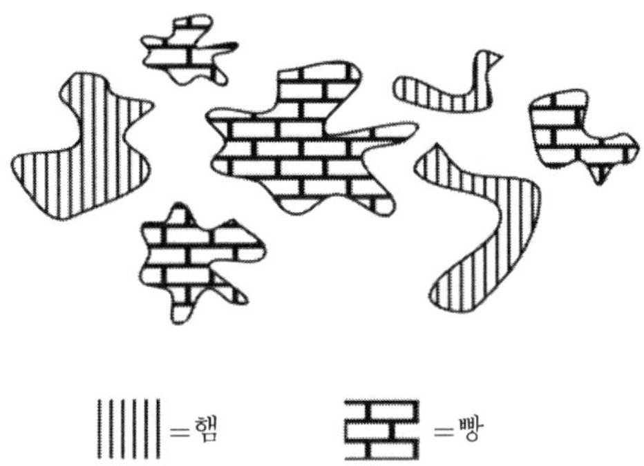

그림 18.32 _ 2차원 일반화된 햄샌드위치

풀이

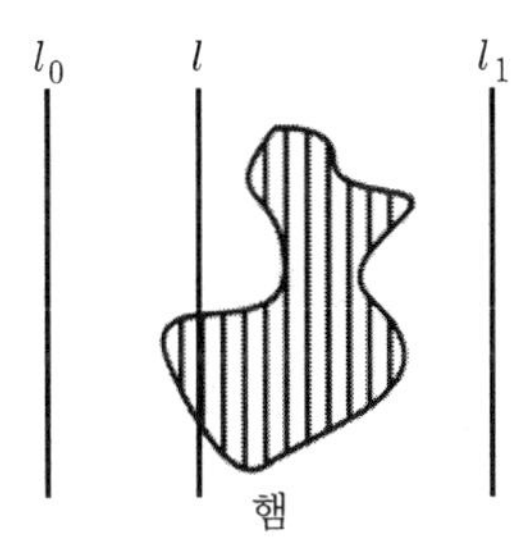

임의의 햄을 이등분하는 직선은 존재한다. 오른쪽 그림의 직선 l은 햄을 나누긴 하지만 이등분하지는 않는다. 그러나 직선 l_0의 왼쪽에는 햄의 0%, 오른쪽에는 햄의 100%가 있고, 직선 l_1의 왼쪽에는 햄의 100%, 햄의 0%가 있다. 따라서 직선 l이 l_0의 위치에서 l_1의 위치로 연속적으로 이동할 때, 햄이 직선 l의 양쪽에 50%씩 놓이게 되는 때가 있다.

임의의 햄에 대하여 이러한 직선은 모든 방향으로 존재하므로 다음 그림과 같이 햄을 이등분하는 직선 m을 한 바퀴 회전하는 경우를 생각하자. 직선 m_0의 왼쪽에는 빵의 0%, 오른쪽에는 빵의 100%가 있고, 직선 m_1의 위쪽에는 빵의 100%, 아래쪽에는 빵의 0%가 있다. 따라서 직선 m이 m_0의 위치에서 m_1의 위치로 연속적으로 이동할 때, 햄과 빵이 동시에 직선 m의 양쪽에 50%씩 놓이게 되는 때가 있다.

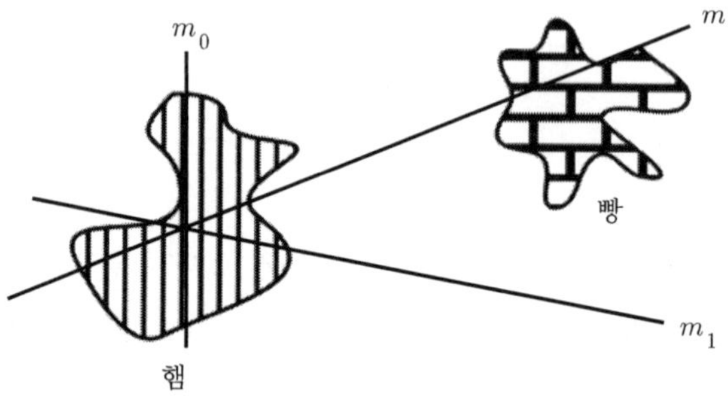

18.11 그림 18.33의 왼쪽 그림의 점들을 유한집합 A라 하고 오른쪽 그림의 점들을 유한집합 B라 하자. A를 B로 보내는 평면에서 평면으로의 위상동형사상을 설명하여라(물론, 전단사이다).

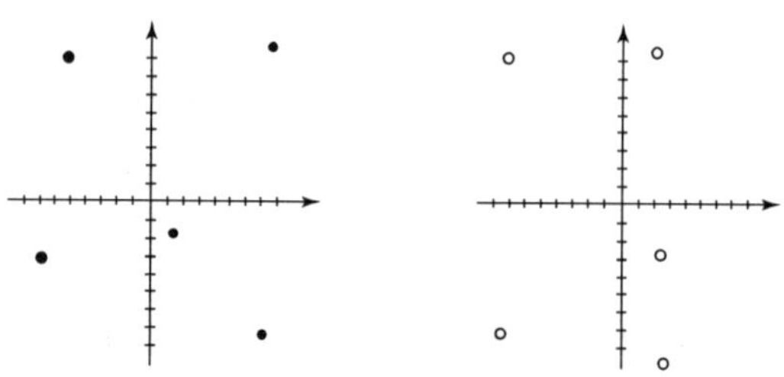

그림 18.33 _ 유한 개의 점을 보존하는 위상동형사상

풀이

두 그림 A, B를 비교해보면 각 사분면에 있는 점의 개수는 같고, 점의 위치는 다르다. 평면에 놓인 A의 점을 평면에 놓인 B의 점으로 옮기는 방법을 각 사분면의 점을 같은 사분면의 점으로 옮기되 옮기는 속도를 달리하여 마치 고무판을 밀 듯 보내면 위상동형사상이 만들어진다. 예를 들면, A의 1사분면의 점은 왼쪽으로 밀어 B의 1사분면의 점으로, A의 2사분면의 점도 왼쪽으로 밀어 B의 2사분면의 점으로 보내되 1사분면의 점을 2사분면의 점보다 더 빨리 밀어 동시에 도착하도록 한다.

18.12 과제 4차원에서 일반화된 햄샌드위치 정리를 표현하여라. 증명을 하지 말고, 예를 들어 설명하여라.

풀이

4차원에서의 일반화된 햄 샌드위치 정리는 4차원 공간의 햄과 빵이 있을 때, 한 개의 3차원 초평면으로 이들을 동시에 절반으로 나눌 수 있다는 것이다.

18.13 과제 3차원 공간 $\mathbb{R}^3$에서의 단위 구의 기본군을 계산하여라.

풀이

단위 구(sphere) 위의 모든 단순 폐곡선은 한 점으로 변형되기 때문에 단위 구의 기본군(fundamental group)은 자명한 군(trivial group)이다.

18.14 과제 원환체의 기본군(즉, 일차 호모토피 군)을 계산하여라. 이 정보를 원환체와 구(문제 13을 참조)가 위상동형이 아니라는 결론을 내리는 데 사용하여라.

풀이

위 문제는 다음에 주어진 정리의 대우(contrapositive)를 이용하여 증명하자.

정리 : 두 공간이 "위상동형이다. ⇒ 같은 호모토피를 갖는다. ⇒ 기본군이 동형이다."

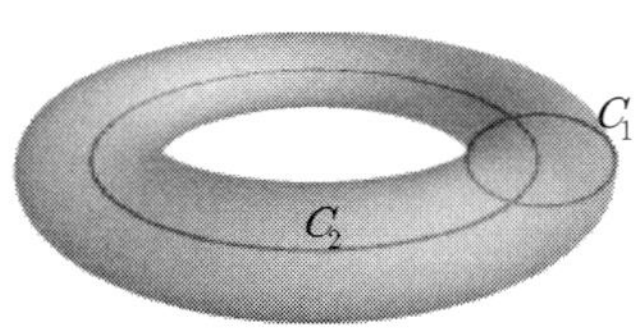

위 그림에서 보듯 원환체의 두 개의 단순 폐곡선 C_1, C_2가 한 점으로 변형될 수 없다. 즉, 원환체의 단순 폐곡선 C_1, C_2가 기본군의 생성원이 된다. 따라서 원환체의 기본군은 $\mathbb{Z} \oplus \mathbb{Z}$임이 알려져 있다. 문제 13의 결과(구의 기본군은 자명한 군)에 의해 구와 원환체의 기본군은 동형이 아니다. 따라서 위에서 언급한 (정리)에 의해서 구와 원환체는 위상동형이 될 수 없다.

18.15 과제 연속함수 $f : [0, 1] \to [0, 1]$에 대하여, 고정점은 그래프 f와 대각선 $y = x$가 만나면서 찾을 수 있다. 그림을 그리고 설명하여라. 더 높은 차원에서 이와 비슷한 주장을 펼쳐보아라.

풀이

단위 구간 $[0, 1]$에서 단위 구간 $[0, 1]$로 가는 연속 함수 $y = f(x)$에 대해서 아래 그림과 같이 2차원(평면)에서 원점을 지나는 기울기가 1인 대각선과의 교점으로 고정점을 설명할 수 있다.

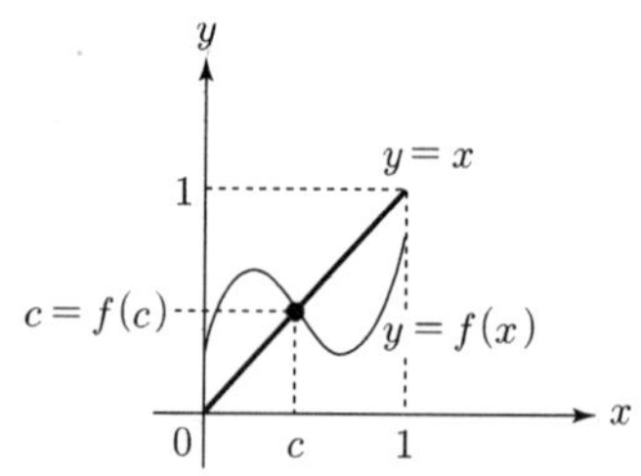

유클리드 공간 $\mathbb{R}^n$의 완폐볼록부분집합 X에서 자기자신으로 가는 연속함수 $f : X \to X$는 부동점 $x_0 \in X$를 가진다. 즉, $x_0 = f(x_0)$이다.

제19장 소냐 코발레프스카야와 수리역학

19.1 멱급수 $1+x^2+x^4+x^6+\cdots$을 생각하자. x에 대한 이 급수는 수렴하는가? 이 급수로 정의된 함수에 대한 닫힌 형태의 표현을 구하여라.

풀이

$0 \leq x < 1$인 경우에는 수렴하며 그 값은 $\dfrac{1}{1-x^2}$이다.

19.2 $\sin x = x - \dfrac{x^3}{3!} + \dfrac{x^5}{5!} - \dfrac{x^7}{7!} + - \cdots$과 $\cos x = 1 - \dfrac{x^2}{2!} + \dfrac{x^4}{4!} - \dfrac{x^6}{6!} + - \cdots$을 이용하여 $\tan x = \dfrac{\sin x}{\cos x}$의 멱급수 표현을 구하여라. [힌트 : 긴 나눗셈을 이용한다.]

풀이

긴 나눗셈을 이용하면 $\tan x = x + \dfrac{x^3}{3} + \dfrac{2x^5}{15} + \cdots \left(|x| < \dfrac{\pi}{2}\right)$을 얻는다.

19.3 문제 2에서 주어진 sine과 cosine의 멱급수 표현을 이용하여 공식 $\sin^2 x + \cos^2 x = 1$을 증명하여라.

풀이

먼저 0, 1, 0, -1, 0, 1, $\cdots$은 $\dfrac{i^n + (-i)^n}{2}$로 표현할 수 있음을 알고 시작하자. 이를 이용하면 $\sin^2 x$, $\cos^2 x$를 멱급수로 다음과 같이 나타낼 수 있다.

$$\sin x = x - \frac{x^3}{3!} + \frac{x^5}{5!} - \frac{x^7}{7!} + - \cdots = \sum_{n=0} \frac{i^n - (-i)^n}{2in!} x^n$$

$$\begin{aligned}
\sin^2 x &= \left\{ \sum_{n=0} \frac{i^n - (-i)^n}{2in!} x^n \right\}^2 \\
&= \sum_{n=0} x^n \sum_{k=0} \left\{ \frac{i^k - (-i)^k}{2ik!} \right\} \left\{ \frac{i^{n-k} - (-i)^{n-k}}{2i(n-k)!} \right\} \\
&= \sum_{n=0} x^n i^n \sum_{k=0} \frac{-1 + (-1)^k + (-1)^{n-k} - (-1)^n}{4k!(n-k)!}
\end{aligned}$$

$$\cos x = 1 - \frac{x^2}{2!} + \frac{x^4}{4!} \mp - \cdots = \sum_{n=0} \frac{i^n + (-i)^n}{2n!} x^n$$

$$\cos^2 x = \left\{ \sum_{n=0} \frac{i^n + (-i)^n}{2n!} x^n \right\}^2$$

$$= \sum_{n=0} x^n \sum_{k=0} \left\{ \frac{i^k + (-i)^k}{2k!} \right\} \left\{ \frac{i^{n-k} + (-i)^{n-k}}{2(n-k)!} \right\}$$

$$= \sum_{n=0} x^n i^n \sum_{k=0} \frac{1 + (-1)^k + (-1)^{n-k} + (-1)^n}{4k!(n-k)!}$$

이제 위의 식을 이용해서 $\sin^2 x + \cos^2 x$을 계산하면

$$\sin^2 x + \cos^2 x = \sum_{n=0} x^n i^n \sum_{k=0} \frac{(-1)^k + (-1)^{n-k}}{2k!(n-k)!}$$

$$= \sum_{n=0} \frac{x^n i^n (1 + (-1)^n)}{2n!} \sum_{k=0} (-1)^k \binom{n}{k}$$

$$= \sum_{n=0} \frac{x^n i^n (1 + (-1)^n)}{2n!} (1-1)^n$$

$$= 1 + 0 + 0 + \cdots$$

로 $\sin^2 x + \cos^2 x = 1$이 성립한다.

19.4 문제 2에서 주어진 sine과 cosine의 멱급수 표현을 이용하여 공식 $\sin 2x = 2\sin x \cos x$를 증명하여라.

풀이

다음에 주어진 두 급수의 곱에 대한 규칙을 이용하자.

$$\left(\sum_{n=0}^{\infty} a_n x^n \right) \left(\sum_{n=0}^{\infty} b_n x^n \right) = \sum_{n=0}^{\infty} c_n x^n,$$

여기서 $c_n = \sum_{k=0}^{n} a_k b_{n-k} = a_0 b_n + a_1 b_{n-1} + a_2 b_{n-2} + \cdots + a_{n-1} b_1 + a_n b_0$이다.

$$\sin x = x - \frac{x^3}{3!} + \frac{x^5}{5!} - \frac{x^7}{7!} + - \cdots \text{에서}$$

$$a_{2k} = 0,\ a_{2k+1} = \frac{(-1)^k}{(2k+1)!}\ (k = 0,\ 1,\ 2,\ \cdots)$$

$$\cos x = 1 - \frac{x^2}{2!} + \frac{x^4}{4!} - \frac{x^6}{6!} + - \cdots \text{에서}$$

$$b_{2k} = \frac{(-1)^k}{(2k)!},\ b_{2k+1} = 0\ (k = 0,\ 1,\ 2,\ \cdots)$$

이므로

$$2\sin x \cos x = 2(c_0 + c_1 x + c_2 x^2 + c_3 x^3 + c_4 x^4 + c_5 x^5 + c_6 x^6 + c_7 x^7 + \cdots)$$

이라 하면

$$2c_0 = 2(a_0 b_0) = 0$$

$$2c_1 = 2(a_0 b_1 + a_1 b_0) = 2(1) = 2$$

$$2c_2 = 2(a_0 b_2 + a_1 b_1 + a_2 b_0) = 0$$

$$2c_3 = 2(a_0 b_3 + a_1 b_2 + a_2 b_1 + a_3 b_0) = 2\left\{\left(\frac{-1}{2!}\right) + \left(\frac{-1}{3!}\right)\right\} = \frac{-8}{3!} = -\frac{2^3}{3!}$$

$$2c_4 = 2(a_0 b_4 + a_1 b_3 + a_2 b_2 + a_3 b_1 + a_4 b_0) = 0$$

$$2c_5 = 2(a_0 b_5 + a_1 b_4 + a_2 b_3 + a_3 b_2 + a_4 b_1 + a_5 b_0)$$

$$= 2\left\{\frac{1}{4!} + \left(\frac{-1}{3!}\right)\left(\frac{-1}{2!}\right) + \left(\frac{1}{5!}\right)\right\} = \frac{2(5+10+1)}{5!} = \frac{2(16)}{5!} = \frac{2^5}{5!}$$

$$2c_6 = 2(a_0 b_6 + a_1 b_5 + a_2 b_4 + a_3 b_3 + a_4 b_2 + a_5 b_1 + a_6 b_0) = 0$$

$$2c_7 = 2(a_0 b_7 + a_1 b_6 + a_2 b_5 + a_3 b_4 + a_4 b_3 + a_5 b_2 + a_6 b_1 + a_7 b_0)$$

$$= 2\left\{\left(\frac{-1}{6!}\right) + \left(\frac{-1}{3!}\right)\left(\frac{1}{4!}\right) + \left(\frac{1}{5!}\right)\left(\frac{-1}{2!}\right) + \left(\frac{-1}{7!}\right)\right\}$$

$$= \frac{2(-7-35-21-1)}{7!} = \frac{-2(64)}{7!} = -\frac{2^7}{7!}$$

$\cdots$

이므로

$$
\begin{aligned}
2\sin x\cos x &= 2(c_0 + c_1x + c_2x^2 + c_3x^3 + c_4x^4 + c_5x^5 + c_6x^6 + c_7x^7 + \cdots) \\
&= 2x - \frac{2^3}{3!}x^3 + \frac{2^5}{5!}x^5 - \frac{2^7}{7!}x^7 + \cdots \\
&= (2x) - \frac{1}{3!}(2x)^3 + \frac{1}{5!}(2x)^5 - \frac{1}{7!}(2x)^7 + \cdots \\
&= \sin 2x
\end{aligned}
$$

이다.

19.5 멱급수 $\log(1+x) = x - \frac{x^2}{2!} + \frac{x^3}{3!} - \frac{x^4}{4!} + - \cdots$을 이용하여 $\log 1.5$의 근삿값을 구하여라. 계산기를 사용해도 되지만 로그 버튼은 누르면 안 된다.

풀이

$$\log(1+0.5) \approx 0.5 - \frac{(0.5)^2}{2!} + \frac{(0.5)^3}{3!} \approx 0.3958$$

19.6 뉴턴의 일반화된 이항정리

$$(1+x)^a = 1 + ax + \frac{a(a-1)}{2!}x^2 + \frac{a(a-1)(a-2)}{3!}x^3 + \cdots$$

을 이용하여 $\sqrt{2}$의 근삿값을 구하여라. 계산기를 사용해도 되지만 제곱근 버튼은 누르면 안 된다.

풀이

$$\sqrt{2} = 2^{1/2} = (1+1)^{1/2} \approx 1 + \frac{1}{2} + \frac{\frac{1}{2}\left(\frac{1}{2}-1\right)}{2!} + \frac{\frac{1}{2}\left(\frac{1}{2}-1\right)\left(\frac{1}{2}-2\right)}{3!} = 1.475$$

19.7 왜 팽이는 회전하는가? 왜 팽이는 쓰러지지 않는가?

풀이

물체는 외부에서 힘을 가하지 않는 이상 자신의 속도를 유지하려고 한다. 이를 관성이라고 한다. 직선운동을 하는 물체는 관성의 크기가 질량으로 나타난다. 질량이 큰 물체일수록 속도를 바꾸는데 큰 힘이 든다. 회전운동을 하는 물체에서 질량에 해당하는 양을 관성모멘트라고 한다. 관성모멘트가 클수록 회전속도, 즉 각속도를 바꾸는데 큰 힘이 든다.

북쪽으로 날아가는 직선운동을 하는 물체는 계속 북쪽 방향을 유지하려고 한다. 이것은 회전운동에서도 마찬가지인데 회전운동에서의 방향은 회전축의 방향이다. 회전하고 있는 팽이에 작용하는 힘은 회전축과 수직방향인 중력으로 회전방향을 바꿀 수 있는 힘이 아니다. 따라서 회전축을 바꾸지 않으려는 관성을 갖게 된다. 이를 각운동량 보존법칙이라고 한다.

19.8 함수 $f(x)=\sum_{j=0}^{\infty}a_jx^j$가 전단사함수이어서 역함수를 갖는다고 하자. 그러면 역함수 f^{-1}도 멱급수를 갖는다. 그 이유를 설명하여라. 역함수의 멱급수에서 계수(a_j로 표현되는 항)는 어떻게 되겠는가?

풀이

가정에 의해 f가 전단사함수이므로 f의 역함수를 $f^{-1}=g$라 하면 g도 전단사함수이고 $f(g(x))=x$가 성립한다. 이 등식의 양변을 x로 미분하면 합성함수의 미분법에 의해 $f'(g(x))g'(x)=1$이다. g가 전단사함수이므로 $g(x)\neq 0$이다. 만약 $f'(g(x))=a_1+2a_2g(x)+3a_3g(x)^2+\cdots=0$이라 하면 $a_1=a_2=\cdots=0$이고 결국 $f(x)=a_0$가 되어 f가 전단사함수라는데 모순이 된다. 따라서 $f'(g(x))\neq 0$이다. 이 결과에 의해 $g'(x)=\dfrac{1}{f'(g(x))}$이다. 다시 양변을 미분하면 $g''(x)=-\dfrac{f''(g(x))g'(x)}{(f'(g(x)))^2}$이다. $f(x)$는 무한 번 미분가능하기 때문에 $g(x)$도 역시 무한 번 미분가능하다. 따라서 테일러 정리에 의해 $g(x)$는 멱급수 표현을 갖는다. 이제 $g(x)=\sum_{j=0}^{\infty}b_jx^j$라 하면 $b_j=\dfrac{g^{(j)}(0)}{j!}$ $(j=0,\ 1,\ 2,\ \cdots)$로 주어진다.

19.9 실의 끝에 매달린 분동을 돌리고 있다고 가정하자(그림 19.2 참조). 어떤 순간에 실을 놓으면 분동은 날아가 버린다. 어떤 방향으로 어떤 경로를 따라 분동이 날아갈 것인지를 설명하여라. 실을 놓았을 때 분동의 초기속도는 얼마인가?

그림 19.2 _ 실 끝에 매달린 분동

풀이

분동은 원운동을 하므로 구심력을 분동의 질량으로 나눈 것과 같은 가속도로 운동을 한다. 그런데 실이 끊어지게 되면 움직이던 속도로 그대로 원의 접선 방향으로 날아간다. 그러나 점차 중력의 영향을 받아 포물선 운동을 하며 땅에 떨어지게 된다.

19.10 공중으로 화살을 쏜다고 가정하자(그림 19.3 참조). 화살이 날아가는 경로의 모양은 무엇일까? 이 질문을 토론하여라. 몇 가지 실험을 수행하여라. 이것은 당신이 알고 있는 곡선인가?

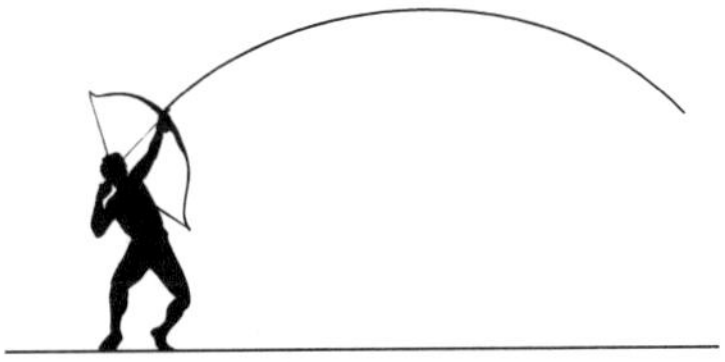

그림 19.3 _ 공중으로 화살을 쏜다.

풀이

경로는 포물선이다.

19.11 두 지점에 무거운 사슬이 매달려 있다고 가정하자. 매달려 있는 사슬은 어떤 모양인가? 답은 현수선이다(그림 19.4 참조). 웹사이트(http : //mathworld.wolfram.

com/Catenary.html)에서 현수선에 대해 알아보라. 호이겐스는 라이프니츠와 편지를 교환하면서 처음으로 현수선을 논의하였다. 직선을 따라 포물선을 굴리면 포물선의 초점은 현수선을 그린다(그림 19.5 참조). 곡선을 생성하는 실험을 직접 해보라.

그림 19.4 _ 현수선

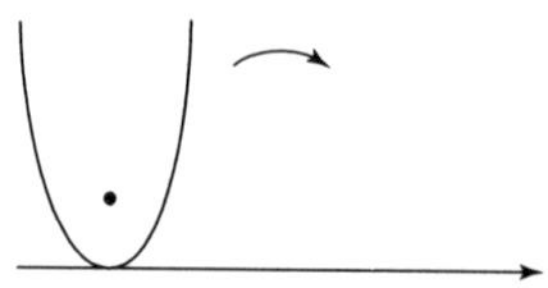

그림 19.5 _ 직선을 따라 포물선을 굴림

풀이

빨래줄, 쇠사슬, 전기줄과 같이 양쪽만 고정된 줄을 흔히 볼 수 있다. 이와 비슷하게 밀도가 균일한 실의 양쪽을 고정하고 자유롭게 쳐지게 했을 때 실이 만드는 곡선이 현수선이다. 현수선의 식은 다음과 같이 쌍곡코사인함수로 나타낸다.

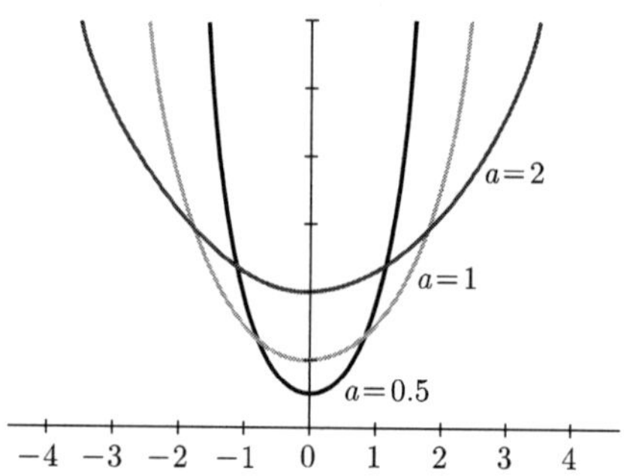

$$y = a\cosh\frac{x}{a} = \frac{a(e^{x/a} + e^{-x/a})}{2}$$

19.12

과제 미분방정식 $y' + 3y = x$의 해의 형태를 $y = \Sigma_j a_j x^j$라 추측하여 방정식에 대입하는 방법으로 미분방정식의 해를 구하여라.

풀이

$y = a_0 + a_1 x$라고 하면

$$a_1 + 3(a_0 + a_1 x) = x$$

양변을 비교하면

$$a_0 = -\frac{1}{9}, \quad a_1 = \frac{1}{3}$$

따라서 $y = -\frac{1}{9} + \frac{1}{3}x$이다.

그런데 $y' + 3y = 0$을 푼다면, $y = ce^{-3x}$이므로 일반해는 $y = ce^{-3x} - \frac{1}{9} + \frac{1}{3}x$이다.

19.13 과제 아마도 가장 유명하고 많이 연구된 미분방정식은 라플라스 방정식일 것이다. 2차원에서 라플라스 방정식은 다음과 같은 형태이다.

$$\Delta u = \left(\frac{\partial^2}{\partial x^2} + \frac{\partial^2}{\partial y^2}\right)u = f$$

방정식의 우변이 항등적으로 0일 때, 방정식의 해를 조화함수라 부른다. 조화함수는 수리역학에서 중요하다. 예를 들면, 단위 원반에서 열 분포의 정상 상태는 조화함수로 주어진다.

$u(x, y) = x^2 - y^2$가 조화함수임을 증명하여라. 또, $v(x, y) = 2xy$가 조화함수임을 증명하여라. 만약 f가 단위 원반의 경계(즉, 원)에서 연속인 함수일 때, 닫힌 원반에서 연속인 함수 u가 존재하여 u는 내부에서 조화함수이고 경계에서 f와 일치한다. $f(\cos t, \sin t) = \cos 2t$와 같은 특별한 경우에 이 함수는 반드시 u이다.

풀이

$$\Delta u = \left(\frac{\partial^2}{\partial x^2} + \frac{\partial^2}{\partial y^2}\right)u(x, y) = \frac{\partial^2}{\partial x^2}(x^2 - y^2) + \frac{\partial^2}{\partial y^2}(x^2 - y^2)$$

$$= \frac{\partial}{\partial x}(2x) + \frac{\partial^2}{\partial y^2}(-2y) = 2 - 2 = 0$$

$$\Delta v = \left(\frac{\partial^2}{\partial x^2} + \frac{\partial^2}{\partial y^2}\right)v(x, y)$$

$$= \frac{\partial^2}{\partial x^2}(2xy) + \frac{\partial^2}{\partial y^2}(2xy)$$

$$= \frac{\partial}{\partial x}(2y) + \frac{\partial}{\partial y}(2x) = 0 + 0 = 0$$

19.14 과제 또 다른 유명하고 많이 연구된 편미분방정식은 열방정식이다. 그것은 다음과 같이 주어진다.

$$\frac{\partial}{\partial t}u = \frac{\partial^2}{\partial x^2}u$$

상반평면 U= $\{(x,\ y) | y > 0\}$에서 열방정식의 해의 예를 구하여라. 상반평면의 경계에서 함수 $f(x,\ 0) = x$와 일치하는 상반평면에서 열방정식의 해의 예를 구하여라.

풀이

편의상 길이가 1인 막대의 옆면은 절연되어 있고 막대의 양끝은 온도가 0도로 유지된다고 가정하자. 시간 $t(\geq 0)$와 위치 $x(0 \leq x \leq 1)$에서 막대의 온도를 $u(x,\ t)$라 하면, $u(x,\ t)$는 다음을 만족하는 x와 t의 함수이다.

(1) $u(x,\ t)$는 열방정식 $\frac{\partial u}{\partial t} = \frac{\partial^2 u}{\partial x^2}$를 만족한다.

(2) $u(x,\ t)$는 경계조건 $u(0,\ t) = u(1,\ t) = 0$을 만족한다.

(3) $u(x,\ t)$는 초기조건 $u(x,\ 0) = h(x)$를 만족한다. 여기서 $h(x)$는 $t = 0$일 때의 온도이다.

변수분리방법을 적용하면 (1)과 (2)를 만족하는 해는

$$u = u(x,\ t) = \sum_{n=1}^{\infty} a_n \sin(n\pi x) e^{-(n\pi)^2 t}$$

으로 주어진다. 실제로, $u(0,\ t) = u(1,\ t) = 0$이고,

$$\frac{\partial u}{\partial t} = \sum_{n=1}^{\infty} a_n \sin(n\pi x) \frac{d}{dt}(e^{-(n\pi)^2 t}) = -\pi^2 \sum_{n=1}^{\infty} a_n n^2 \sin(n\pi x) e^{-(n\pi)^2 t}$$

$$\frac{\partial u}{\partial x} = \sum_{n=1}^{\infty} a_n \frac{d}{dx}(\sin(n\pi x)) e^{-(n\pi)^2 t} = \pi \sum_{n=1}^{\infty} a_n n \cos(n\pi x) e^{-(n\pi)^2 t}$$

$$\frac{\partial^2 u}{\partial x^2} = \frac{\partial}{\partial x}\left(\frac{\partial u}{\partial x}\right) = \pi \sum_{n=1}^{\infty} a_n n \frac{d}{dx}(\cos(n\pi x)) e^{-(n\pi)^2 t}$$

$$= -\pi^2 \sum_{n=1}^{\infty} a_n n^2 \sin(n\pi x) e^{-(n\pi)^2 t}$$

으로 (1)과 (2)를 만족함을 확인할 수 있다. 그리고 경계조건 (3)에 의해

$$h(x) = u(x,\ 0) = \sum_{n=1}^{\infty} a_n \sin(n\pi x)$$

로부터 a_n은 $h(x)$에 대한 푸리에 사인급수의 계수이다. 즉

$$a_n = 2\int_0^1 h(x) \sin(n\pi x) dx$$

문제에서는 $h(x) = x$인 경우이므로 a_n은

$$a_n = 2\int_0^1 x \sin(n\pi x) dx = 2\left[x\left(\frac{-\cos(n\pi x)}{n\pi}\right)\right]_0^1 + \frac{2}{n\pi}\int_0^1 \cos(n\pi x) dx$$

$$= \frac{2(\pm 1)^n}{n\pi}$$

으로 주어진다. 따라서 (1), (2), (3): $h(x) = x$을 동시에 만족하는 해는 다음으로 주어진다.

$$u = u(x,\ t) = \sum_{n=1}^{\infty} (\pm 1)^n \frac{2}{n\pi} \sin(n\pi x) e^{-(n\pi)^2 t}$$

제20장 에미 뇌터와 현대 대수학의 탄생

20.1 정수로 이루어진 모든 2×2 행렬의 집합을 생각하자. 행렬의 덧셈에 대하여 이 집합은 군이 됨을 증명하여라.

풀이

정수로 이루어진 모든 2×2 행렬의 집합을 G라 하자.

(1) (닫혀 있다.) 임의의 $\begin{pmatrix} a & b \\ c & d \end{pmatrix}, \begin{pmatrix} e & f \\ g & h \end{pmatrix} \in G$에 대해서

$\begin{pmatrix} a & b \\ c & d \end{pmatrix} + \begin{pmatrix} e & f \\ g & h \end{pmatrix} = \begin{pmatrix} a+e & b+f \\ c+g & d+h \end{pmatrix} \in G$

(2) (결합법칙이 성립한다.) 임의의 $\begin{pmatrix} a & b \\ c & d \end{pmatrix}, \begin{pmatrix} e & f \\ g & h \end{pmatrix}, \begin{pmatrix} i & j \\ k & l \end{pmatrix} \in G$에 대하여

$$\begin{aligned}
\begin{pmatrix} a & b \\ c & d \end{pmatrix} + \left(\begin{pmatrix} e & f \\ g & h \end{pmatrix} + \begin{pmatrix} i & j \\ k & l \end{pmatrix}\right) &= \begin{pmatrix} a & b \\ c & d \end{pmatrix} + \begin{pmatrix} e+i & f+j \\ g+k & h+l \end{pmatrix} \\
&= \begin{pmatrix} a+e+i & b+f+j \\ c+g+k & d+h+l \end{pmatrix} \\
&= \left(\begin{pmatrix} a & b \\ c & d \end{pmatrix} + \begin{pmatrix} e & f \\ g & h \end{pmatrix}\right) + \begin{pmatrix} i & j \\ k & l \end{pmatrix}
\end{aligned}$$

(3) (항등원이 존재한다.) 임의의 $\begin{pmatrix} a & b \\ c & d \end{pmatrix} \in G$에 대하여 $\begin{pmatrix} a & b \\ c & d \end{pmatrix} + \begin{pmatrix} 0 & 0 \\ 0 & 0 \end{pmatrix} = \begin{pmatrix} 0 & 0 \\ 0 & 0 \end{pmatrix} + \begin{pmatrix} a & b \\ c & d \end{pmatrix} = \begin{pmatrix} a & b \\ c & d \end{pmatrix}$인 2×2 행렬 $\begin{pmatrix} 0 & 0 \\ 0 & 0 \end{pmatrix} \in G$가 유일하게 존재한다.

(4) (역원이 존재한다.) 임의의 $\begin{pmatrix} a & b \\ c & d \end{pmatrix} \in G$에 대하여 $\begin{pmatrix} a & b \\ c & d \end{pmatrix} + \begin{pmatrix} -a & -b \\ -c & -d \end{pmatrix} = \begin{pmatrix} 0 & 0 \\ 0 & 0 \end{pmatrix}$인 2×2 행렬 $\begin{pmatrix} -a & -b \\ -c & -d \end{pmatrix} \in G$가 유일하게 존재한다.

20.2 정수로 이루어진 모든 2×2 행렬의 집합을 생각하자. 행렬의 곱셈에 대하여 이 집합은 군이 되지 않음을 증명하여라. 군의 성질 중 어떤 것을 만족하지 않는가?

풀이

정수로 이루어진 모든 2×2 행렬의 집합을 G라 하면, 곱셈에 대하여 닫혀 있고, 결합법칙이 성립하고, 항등원 $\begin{pmatrix} 1 & 0 \\ 0 & 1 \end{pmatrix} \in G$이 존재하지만 역원이 반드시 존재한다고는 볼 수 없다. 예를 들면, $\begin{pmatrix} 3 & 2 \\ 1 & 4 \end{pmatrix}\begin{pmatrix} \frac{4}{10} & \frac{-2}{10} \\ \frac{-1}{10} & \frac{3}{10} \end{pmatrix} = \begin{pmatrix} 1 & 0 \\ 0 & 1 \end{pmatrix} =$

$\begin{pmatrix} \frac{4}{10} & \frac{-2}{10} \\ \frac{-1}{10} & \frac{3}{10} \end{pmatrix}\begin{pmatrix} 3 & 2 \\ 1 & 4 \end{pmatrix}$이지만 $\begin{pmatrix} \frac{4}{10} & \frac{-2}{10} \\ \frac{-1}{10} & \frac{3}{10} \end{pmatrix} \notin G$이므로 $\begin{pmatrix} 3 & 2 \\ 1 & 4 \end{pmatrix}$는 G에서 곱셈에 대한 역원을 갖지 않는다. 따라서 G는 곱셈에 대해서 군이 되지 않는다.

20.3 정수로 이루어진 모든 2×2 행렬의 집합을 생각하자. 연습문제 2에서 행렬의 곱셈에 대하여 이 집합은 군이 아님을 알았다. 이제 정칙인 행렬로 제한하자. 이 집합은 군이 되는가? 이 집합의 임의의 행렬에 대해 곱셈에 대한 역행렬을 구할 수 있다. 그러나 새로운 문제가 생긴다. 그것이 무엇인가?

풀이

정수로 이루어진 모든 2×2 정칙행렬의 집합을 G라 하면,

$$G=\left\{A=\begin{pmatrix} a & b \\ c & d \end{pmatrix} \middle| ad-bc\neq 0,\ a,\ b,\ c,\ d\text{는 정수}\right\}$$

임을 알 수 있다. 곱셈에 대하여 닫혀 있고, 결합법칙이 성립하고, 항등원 $E=\begin{pmatrix} 1 & 0 \\ 0 & 1 \end{pmatrix}\in G$가 존재한다. 만약 $ad-bc=1$이면 임의의 행렬 $A\in G$에 대하여 역행렬 A^{-1}이 반드시 G에 있고 $AA^{-1}=A^{-1}A=E$이다. 하지만 $A=\begin{pmatrix} a & b \\ c & d \end{pmatrix}\in G$이고 $ad-bc\neq 1$이면 행렬 A는 G에서 역행렬을 갖지 않는다.

20.4 문제 3과 관련이 있다. 유리수로 이루어진 모든 2×2 정칙행렬의 집합을 생각하자. 이것은 곱셈에 대해서 군이다. 이 문제를 토론하고, 그 주장을 증명하여라.

풀이

유리수로 이루어진 모든 2×2 정칙행렬의 집합을 G라 하면,

$$G=\left\{A=\begin{pmatrix} a & b \\ c & d \end{pmatrix} \middle| ad-bc\neq 0,\ a,\ b,\ c,\ d\text{는 유리수}\right\}$$

임을 알 수 있다. 곱셈에 대하여 닫혀 있고, 결합법칙이 성립하고, 항등원

$E=\begin{pmatrix}1 & 0\\0 & 1\end{pmatrix}\in G$가 존재한다. 임의의 $A=\begin{pmatrix}a & b\\c & d\end{pmatrix}\in G$는 역행렬 $A^{-1}=\frac{1}{ad-bc}\begin{pmatrix}d & -b\\-c & a\end{pmatrix}\in G$를 갖기 때문에 G는 곱셈에 대해 군을 이룬다.

20.5 다음과 같은 형태의 모든 3×3 행렬의 집합을 생각하자.

$$\begin{pmatrix}1 & x & z\\0 & 1 & y\\0 & 0 & 1\end{pmatrix}$$

여기서 x, y, z는 실수이다. 이 집합은 곱셈에 대해서 군이 됨을 증명하여라.

풀이

(1) (닫혀 있다.)

$$\begin{pmatrix}1 & x & z\\0 & 1 & y\\0 & 0 & 1\end{pmatrix}\begin{pmatrix}1 & a & b\\0 & 1 & c\\0 & 0 & 1\end{pmatrix}=\begin{pmatrix}1 & a+x & b+cx+z\\0 & 1 & c+y\\0 & 0 & 1\end{pmatrix}$$

(2) (결합법칙이 성립한다.)

$$\begin{pmatrix}1 & x & z\\0 & 1 & y\\0 & 0 & 1\end{pmatrix}\left(\begin{pmatrix}1 & a & b\\0 & 1 & c\\0 & 0 & 1\end{pmatrix}\begin{pmatrix}1 & d & e\\0 & 1 & f\\0 & 0 & 1\end{pmatrix}\right)$$

$$=\begin{pmatrix}1 & x & z\\0 & 1 & y\\0 & 0 & 1\end{pmatrix}\begin{pmatrix}1 & a+d & e+af+b\\0 & 1 & c+f\\0 & 0 & 1\end{pmatrix}$$

$$=\begin{pmatrix}1 & a+d+x & e+af+b+cx+cf+z\\0 & 1 & c+f+y\\0 & 0 & 1\end{pmatrix}$$

$$\left(\begin{pmatrix}1 & x & z\\0 & 1 & y\\0 & 0 & 1\end{pmatrix}\begin{pmatrix}1 & a & b\\0 & 1 & c\\0 & 0 & 1\end{pmatrix}\right)\begin{pmatrix}1 & d & e\\0 & 1 & f\\0 & 0 & 1\end{pmatrix}$$

$$=\begin{pmatrix}1 & a+x & b+cx+z\\0 & 1 & c+y\\0 & 0 & 1\end{pmatrix}\begin{pmatrix}1 & d & e\\0 & 1 & f\\0 & 0 & 1\end{pmatrix}$$

$$=\begin{pmatrix}1 & d+a+x & e+af+xf+b+cx+z\\0 & 1 & f+c+y\\0 & 0 & 1\end{pmatrix}$$

(3) (항등원이 존재한다.)

$$\begin{pmatrix}1 & x & z\\0 & 1 & y\\0 & 0 & 1\end{pmatrix}\begin{pmatrix}1 & 0 & 0\\0 & 1 & 0\\0 & 0 & 1\end{pmatrix}=\begin{pmatrix}1 & x & z\\0 & 1 & y\\0 & 0 & 1\end{pmatrix}=\begin{pmatrix}1 & 0 & 0\\0 & 1 & 0\\0 & 0 & 1\end{pmatrix}\begin{pmatrix}1 & x & z\\0 & 1 & y\\0 & 0 & 1\end{pmatrix}$$

(4) (역원이 존재한다.)

$\begin{pmatrix}1 & x & z\\0 & 1 & y\\0 & 0 & 1\end{pmatrix}\begin{pmatrix}1 & a & b\\0 & 1 & c\\0 & 0 & 1\end{pmatrix}=\begin{pmatrix}1 & 0 & 0\\0 & 1 & 0\\0 & 0 & 1\end{pmatrix}$이라 하면

$\begin{pmatrix}1 & a+x & b+cx+z\\0 & 1 & c+y\\0 & 0 & 1\end{pmatrix}=\begin{pmatrix}1 & 0 & 0\\0 & 1 & 0\\0 & 0 & 1\end{pmatrix}$으로부터

$$a+x=0 \rightarrow a=-x$$

$$c+y=0 \rightarrow c=-y$$

$$b+cx+z=0 \rightarrow b=-cx-z=-(-y)x-z=xy-z$$

즉

$$\begin{pmatrix}1 & x & z\\0 & 1 & y\\0 & 0 & 1\end{pmatrix}\begin{pmatrix}1 & -x & xy-z\\0 & 1 & -y\\0 & 0 & 1\end{pmatrix}$$

$$=\begin{pmatrix}1 & -x+x & xy-z-xy+z\\0 & 1 & -y+y\\0 & 0 & 1\end{pmatrix}=\begin{pmatrix}1 & 0 & 0\\0 & 1 & 0\\0 & 0 & 1\end{pmatrix}$$

$$\begin{pmatrix}1 & -x & xy-z\\0 & 1 & -y\\0 & 0 & 1\end{pmatrix}\begin{pmatrix}1 & x & z\\0 & 1 & y\\0 & 0 & 1\end{pmatrix}$$

$$=\begin{pmatrix}1 & x-x & z-xy+xy-z\\0 & 1 & y-y\\0 & 0 & 1\end{pmatrix}=\begin{pmatrix}1 & 0 & 0\\0 & 1 & 0\\0 & 0 & 1\end{pmatrix}$$

이므로 $\begin{pmatrix}1 & x & z\\0 & 1 & y\\0 & 0 & 1\end{pmatrix}$는 역행렬 $\begin{pmatrix}1 & -x & xy-z\\0 & 1 & -y\\0 & 0 & 1\end{pmatrix}$을 갖는다.

따라서 곱셈에 대해서 군을 이룬다.

20.6 실수로 이루어진 모든 2×2 행렬의 환을 생각하자. 다음과 같은 형태의 모든 행

렬의 집합은 이데알이 아니다. 무엇이 틀렸는가? 어떤 성질이 성립하지 않는가?

$$\begin{pmatrix} 0 & x \\ 0 & 0 \end{pmatrix}$$

풀이

$M_{2\times 2}(\mathbb{R})$을 2×2 행렬로 만들어진 (비가환)환이라 하고 $I=\left\{\begin{pmatrix} 0 & x \\ 0 & 0 \end{pmatrix} \middle| x \text{는 실수}\right\}$라 놓으면 $\begin{pmatrix} 0 & x \\ 0 & 0 \end{pmatrix}-\begin{pmatrix} 0 & y \\ 0 & 0 \end{pmatrix}=\begin{pmatrix} 0 & x-y \\ 0 & 0 \end{pmatrix}\in I$이지만, $\begin{pmatrix} a & b \\ c & d \end{pmatrix}\in M_{2\times 2}(\mathbb{R})$, $\begin{pmatrix} 0 & x \\ 0 & 0 \end{pmatrix}\in I$에 대하여 $\begin{pmatrix} a & b \\ c & d \end{pmatrix}\begin{pmatrix} 0 & x \\ 0 & 0 \end{pmatrix}=\begin{pmatrix} 0 & ax \\ 0 & cx \end{pmatrix}\notin I$이므로 I는 이데알이 아니다.

20.7 정수로 이루어진 모든 2×2 행렬의 환을 생각하자. 다음과 같은 형태의 모든 행렬의 집합은 이데알이다. 이를 증명하여라.

$$\begin{pmatrix} 2m & 2n \\ 2k & 2l \end{pmatrix}, \text{ 여기서 } m,\ n,\ k,\ l\text{은 정수이다.}$$

풀이

$M_{2\times 2}(\mathbb{R})$을 2×2 행렬로 만들어진 환이라 하고 $I=\left\{\begin{pmatrix} 2m & 2n \\ 2k & 2l \end{pmatrix} \middle| m,\ n,\ k,\ l\text{은 정수}\right\}$라 하자. $\begin{pmatrix} 2m & 2n \\ 2k & 2l \end{pmatrix}-\begin{pmatrix} 2m' & 2n' \\ 2k' & 2l' \end{pmatrix}=\begin{pmatrix} 2(m-m') & 2(n-n') \\ 2(k-k') & 2(l-l') \end{pmatrix}\in I$이고 $\begin{pmatrix} a & b \\ c & d \end{pmatrix}\in M_{2\times 2}(\mathbb{R})$, $\begin{pmatrix} 2m & 2n \\ 2k & 2l \end{pmatrix}\in I$에 대하여 $\begin{pmatrix} a & b \\ c & d \end{pmatrix}\begin{pmatrix} 2m & 2n \\ 2k & 2l \end{pmatrix}=\begin{pmatrix} 2(am+bk) & 2(an+bl) \\ 2(cm+dk) & 2(cn+dl) \end{pmatrix}\in I$이므로 I는 이데알이다.

20.8 계수가 실수인 변수 x에 대한 다항식 전체의 집합은 주 이데알 영역이다. 이것을 설명하기 위해, $x+1$, x^2-4, x^3+x에 의해 생성되는 이데알의 단 하나의 생성원을 구하여라. 이 이데알은 특별하다. 왜 그런가?

풀이

계수가 실수인 변수 x에 의한 다항식 전체의 집합은 주 이데알 영역으로 다음과 같이 표현된다.

$$\mathbb{R}[x] = \left\{ f \,\middle|\, f = \sum_{i=0}^{n} a_i x^i,\ a_i \in \mathbb{R} \right\}$$

위의 주 이데알 영역의 생성원은 x이고, $x+1$, x^2-4, x^3+x로 생성되는 이데알의 생성원도 x이다.

20.9 정수환 $\mathbb{Z}$에서 2와 3에 의해 나누어지는 모든 정수들의 이데알을 생각하자. 이것이 왜 이데알인가? 어떤 단 하나의 수가 이 이데알을 생성하는가? 생성원은 유일한가? 하나 이상의 생성원을 찾을 수 있는가?

풀이

2와 3에 의해 나누어지는 정수는 2와 3의 최소공배수인 6의 배수이다. 즉, 6으로 생성되는 이데알이다. 6으로 생성된 이데알은 -6으로 생성된 이데알과 같다.

20.10 **과제** 행렬식이 1이고, 행들이 서로 직교하고, 실수로 이루어진 2×2 행렬의 집합을 G라 하자. 이항 연산을 일반적인 행렬의 곱셈이라 할 때, 이 연산에 대해서 G가 군이 됨을 보여라.

풀이

문제의 조건을 만족하는 실수로 이루어진 모든 2×2 행렬의 집합을 G라 하면,

$$G = \left\{ A = \begin{pmatrix} a & b \\ c & d \end{pmatrix} \,\middle|\, ad-bc=1,\ ac+bd=0,\ a,\ b,\ c,\ d\text{는 실수} \right\}$$

$$= \left\{ A = \begin{pmatrix} a & b \\ c & d \end{pmatrix} \,\middle|\, ad-bc=1,\ ac+bd=0,\ a^2+b^2=1,\ c^2+d^2=1, \right.$$

$$a,\ b,\ c,\ d\text{는 실수}\Big\}$$

임을 알 수 있다.

(1) $\begin{pmatrix} a & b \\ c & d \end{pmatrix}\begin{pmatrix} x & y \\ z & w \end{pmatrix}=\begin{pmatrix} ax+bz & ay+bw \\ cx+dz & cy+dw \end{pmatrix}$에서

$$ad-bc=1,\ ac+bd=0,\ a^2+b^2=1,\ c^2+d^2=1$$

$$xw-yz=1,\ xz+yw=0,\ x^2+y^2=1,\ y^2+w^2=1$$

이므로

$$\begin{aligned}&(ax+bz)(cy+dw)-(ay+bw)(cx+dz)\\&=acxy+adxw+bcyz+bdzw-acxy-adyz-bcxw-bdzw\\&=(ad-bc)xw+(bc-ad)yz=(ad-bc)(xw-yz)=1\end{aligned}$$

이고

$$\begin{aligned}&(ax+bz)(cx+dz)+(ay+bw)(cy+dw)\\&=acx^2+adxz+bcxz+bdz^2+acy^2+adyw+bcyw+bdw^2\\&=ac(x^2+y^2)+(ad+bc)(xz+yw)+bd(z^2+w^2)\\&=ac(x^2+y^2)+bd(z^2+w^2)=ac+bd=0\end{aligned}$$

이다. 따라서 곱셈에 대하여 닫혀 있다.

(2) 결합법칙이 성립한다.

(3) 항등원 $E=\begin{pmatrix} 1 & 0 \\ 0 & 1 \end{pmatrix}\in G$가 존재한다.

(4) 임의의 $A=\begin{pmatrix} a & b \\ c & d \end{pmatrix}\in G$에 대하여, $ad-bc=1,\ ac+bd=0$이므로 $\begin{pmatrix} d & -b \\ -c & a \end{pmatrix}\in G$이다. 왜냐하면, $ad-(-b)(-c)=1$이고

$$\begin{aligned}-cd-ab&=-(ab+cd)=-(ab+cd)(ad-bc)\\&=-\{a^2bd-acb^2+acd^2-bdc^2\}\\&=-\{a^2bd-ac(1-a^2)+acd^2-bd(1-d^2)\}\\&=-\{a^2bd-ac+aca^2+acd^2-bd+bdd^2\}\end{aligned}$$

$$= -\{a^2(ac+bd)-(ac+bd)+(ac+bd)d^2\}$$
$$=0$$

따라서 임의의 $A=\begin{pmatrix} a & b \\ c & d \end{pmatrix} \in G$의 역행렬 $A^{-1}=\begin{pmatrix} d & -b \\ -c & a \end{pmatrix} \in G$이 존재한다. (1)~(4)에 의해 G는 곱셈에 대해 군을 이룬다.

20.11 **과제** 왼쪽 아래 성분이 0이고, 실수로 이루어진 2×2 행렬의 집합을 R이라 하자. 두 가지 이항 연산을 일반적인 행렬의 덧셈과 일반적인 행렬의 곱셈이라 하자. R이 환이 됨을 보여라. 이 환에서 자명하지 않은 이데알의 예를 찾아라. 극대이데알의 예도 찾아라.

풀이

$$R=\left\{A=\begin{pmatrix} a & b \\ 0 & c \end{pmatrix} \middle| a,\ b,\ c\text{는 실수}\right\}$$

(1) $(R,\ +)$는 아벨군이고 항등원 $\begin{pmatrix} 0 & 0 \\ 0 & 0 \end{pmatrix}$이 존재한다.

(2) $(R,\ \times)$는 모노이드이다.

- $1\in\mathbb{R}$과 $\begin{pmatrix} a & b \\ 0 & c \end{pmatrix} \in R$에 대하여 $1\begin{pmatrix} a & b \\ 0 & c \end{pmatrix}=\begin{pmatrix} a & b \\ 0 & c \end{pmatrix}$
- 결합법칙이 성립한다.

(3) $+$, $\times$에 대하여 분배법칙이 성립한다.

- $\begin{pmatrix} a & b \\ 0 & c \end{pmatrix}\left\{\begin{pmatrix} x & y \\ 0 & z \end{pmatrix}+\begin{pmatrix} r & s \\ 0 & t \end{pmatrix}\right\}=\begin{pmatrix} a & b \\ 0 & c \end{pmatrix}\begin{pmatrix} x+r & y+s \\ 0 & z+t \end{pmatrix}$
$$=\begin{pmatrix} ax+ar & ay+as+bz+bt \\ 0 & cz+ct \end{pmatrix}$$
$$\begin{pmatrix} a & b \\ 0 & c \end{pmatrix}\begin{pmatrix} x & y \\ 0 & z \end{pmatrix}+\begin{pmatrix} a & b \\ 0 & c \end{pmatrix}\begin{pmatrix} r & s \\ 0 & t \end{pmatrix}=\begin{pmatrix} ax & ay+bz \\ 0 & cz \end{pmatrix}+\begin{pmatrix} ar & as+bt \\ 0 & ct \end{pmatrix}$$
$$=\begin{pmatrix} ax+ar & ay+as+bz+bt \\ 0 & cz+ct \end{pmatrix}$$
- $\left\{\begin{pmatrix} x & y \\ 0 & z \end{pmatrix}+\begin{pmatrix} r & s \\ 0 & t \end{pmatrix}\right\}\begin{pmatrix} a & b \\ 0 & c \end{pmatrix}=\begin{pmatrix} x+r & y+s \\ 0 & z+t \end{pmatrix}\begin{pmatrix} a & b \\ 0 & c \end{pmatrix}$

$$= \begin{pmatrix} ax+ar & bx+br+cy+cs \\ 0 & cz+ct \end{pmatrix}$$

$$\begin{pmatrix} x & y \\ 0 & z \end{pmatrix}\begin{pmatrix} a & b \\ 0 & c \end{pmatrix}+\begin{pmatrix} r & s \\ 0 & t \end{pmatrix}\begin{pmatrix} a & b \\ 0 & c \end{pmatrix}=\begin{pmatrix} ax & bx+cy \\ 0 & cz \end{pmatrix}+\begin{pmatrix} ar & br+cs \\ 0 & ct \end{pmatrix}$$

$$= \begin{pmatrix} ax+ar & bx+cy+br+cs \\ 0 & cz+ct \end{pmatrix}$$

(1)~(3)에 의해 $R=\left\{A=\begin{pmatrix} a & b \\ 0 & c \end{pmatrix} \middle| a,\ b,\ c\text{는 실수}\right\}$은 덧셈과 곱셈에 대해 환을 이룬다.

$$I=\left\{\begin{pmatrix} 0 & 0 \\ 0 & 0 \end{pmatrix}\right\},\ I=R$$

제21장 증명의 방법

21.1 평면에서 중심이 원점이고 반지름이 R인 원반에 포함될 수 있는 반지름이 2인 서로 만나지 않는 원반의 개수는 $R^2/4$을 초과할 수 없음을 보여라.

풀이

평면에서 중심이 원점이고 반지름이 R인 원반에 포함될 수 있는 반지름이 2인 서로 만나지 않는 원반의 최대 개수를 n개라 하자. $n \le \frac{R^2}{4}$임을 보이자. 만약 $n > \frac{R^2}{4}$이라 가정하면, 반지름이 2인 서로 만나지 않는 n개의 원반의 전체 넓이는 $4\pi n$이다. 그런데 $4\pi n > 4\pi\frac{R^2}{4} = \pi R^2$이므로 n개의 원반은 반지름이 R인 원반에 포함될 수 없다. 모순이다. 따라서 $n \le \frac{R^2}{4}$이다.

21.2 $1^2+2^2+3^2+\cdots+N^2 = \frac{2N^3+3N^2+N}{6}$을 보여라.

풀이

$N=1$일 때 좌변은 1, 우변은 $\frac{2+3+1}{6}=1$로 같다.

$N=n$일 때 식 $1^2+2^2+3^2+\cdots+n^2 = \frac{2n^3+3n^2+n}{6}$이 성립한다고 가정하자.

$N=n+1$일 때 위의 가정을 이용하면 좌변은

$$\begin{aligned}1^2+2^2+3^2+\cdots+n^2+(n+1)^2 &= \frac{2n^3+3n^2+n}{6}+(n+1)^2\\ &= \frac{2n^3+3n^2+n+6(n+1)^2}{6}\\ &= \frac{2(n+1)^3+3(n+1)^2+(n+1)}{6}\end{aligned}$$

이 되어 $N=n+1$일 때도 식이 성립함을 알 수 있다.

21.3 $1^3+2^3+3^3+\cdots+N^3=\dfrac{N^4+2N^3+N^2}{4}$을 보여라.

풀이

$N=1$일 때 좌변은 1, 우변은 $\dfrac{1+1+1}{4}=1$로 같다.

$N=n$일 때 식 $1^3+2^3+3^3+\cdots+n^3=\dfrac{n^4+2n^3+n^2}{4}$이 성립한다고 가정하자.

$N=n+1$일 때 위의 가정을 이용하면 좌변은

$$\begin{aligned}1^3+2^3+3^3+\cdots+n^3+(n+1)^3&=\frac{n^4+2n^3+n^2}{4}+(n+1)^3\\&=\frac{n^4+2n^3+n^2+4(n+1)^3}{4}\\&=\frac{(n+1)^4+2(n+1)^3+(n+1)^2}{4}\end{aligned}$$

이 되어 $N=n+1$일 때도 식이 성립함을 알 수 있다.

21.4 정팔각형의 내부 넓이를 계산하여라.

풀이

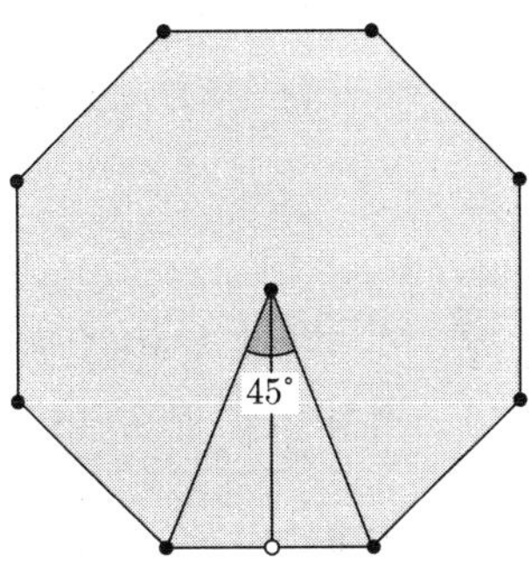

정팔각형의 한 변의 길이를 a라고 하면 중심과 꼭짓점들을 이어 만든 이등변삼각형 한 개의 넓이는

$$\frac{1}{2}\times a\times\frac{a}{2\tan 22.5°}=\frac{a^2}{4\tan 22.5°}$$

이다.

한편, $\tan 2\theta=\dfrac{2\tan\theta}{1-\tan^2\theta}$에서 $\theta=22.5°$라고 하면 $\tan^2\theta+2\tan\theta-1=0$, $\tan 22.5°=\sqrt{2}-1$이다.

따라서 정팔각형의 넓이는 $\frac{2a^2}{\tan 22.5°} = \frac{2a^2}{\sqrt{2}-1}$이다.

21.5 평면에서 모두가 일직선에 있지 않은 5개의 점을 택하자. 5개의 점 중에서 2개의 점만을 지나는 직선이 존재함을 보여라.

풀이

세 점이 일직선 위에 있는 경우가 없다면 두 점만 지나는 직선이 존재한다.
만약 세 점 A, B, C가 일직선 위에 있다고 하자. 그러면 두 점 A, D를 잇는 선을 생각해보자. 이때 세 점 A, D, E가 또 일직선 위에 있다면 두 점 B, D는 지나는 직선은 오직 두 점만 지나게 된다.
만약 네 점 A, B, C, D가 일직선 위에 있다고 하자. 그러면 두 점 A, E를 지나는 직선은 오직 두 점만 지나게 된다.

21.6 평면에서 둘레의 길이가 20인 모든 직사각형 중에서 변의 길이가 5인 정사각형이 가장 큰 넓이를 가짐을 보여라.

풀이

직사각형의 한 변의 길이를 x라고 하면 또 다른 한 변의 길이는 $10-x$이므로 넓이를 $f(x)$라고 하면 $f(x)=x(10-x)$이다. $f(x)=-x^2+10x=-(x-5)^2+25$로 $x=5$일 때 최댓값을 갖는다.

21.7 평면에서 C는 반지름이 3인 원이고, S는 꼭짓점이 원 C 위에 놓여 있는 정사각형이다. S의 넓이를 계산하여라.

풀이

정사각형의 대각선의 길이가 6이다. 정사각형을 직각이등변삼각형 2개로 생각하여 직각인 변을 맞대면 그 넓이는 $\frac{6\times 6}{2}=12$이다.

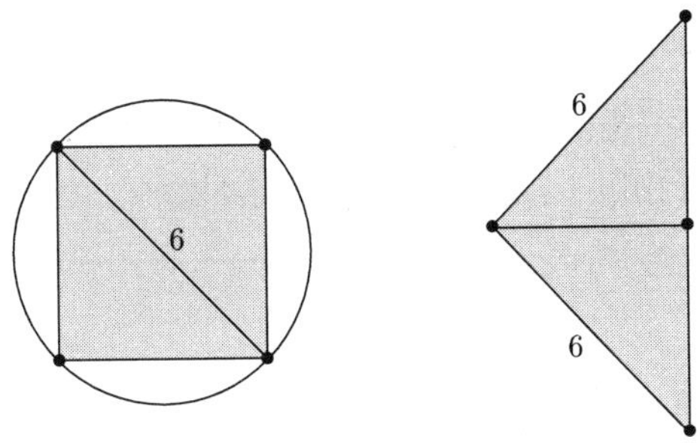

21.8 평면에서 C는 반지름이 3인 원이고, T는 꼭짓점이 원 C 위에 놓여 있는 정삼각형이다. T의 넓이를 계산하여라.

풀이

원의 중심에서 삼각형의 세 꼭짓점에 선을 그어 삼각형을 합동인 이등변삼각형으로 나누면 각각의 삼각형의 넓이는

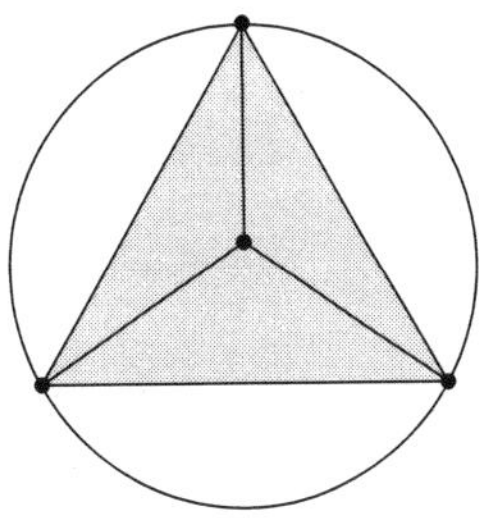

$$\frac{1}{2}\times 3\times 3\times \sin 120° = \frac{9\sqrt{3}}{4}$$

이므로 구하는 정삼각형의 넓이는 $\frac{27\sqrt{3}}{4}$이다.

21.9 평면에서 원점이 중심인 단위원 위의 점 P의 좌표가 양수라고 하자. P, $(1,\ 0)$, $(-1,\ 0)$을 꼭짓점으로 하는 삼각형은 직각삼각형임을 보여라.

풀이

두 점 $(1,\ 0)$, $(-1,\ 0)$을 잇는 호의 중심각이 180°이므로 이 호에 대한 원주각의 크기는 90°이다.

21.10 홀수인 두 자연수의 곱이 홀수임을 보여라.

풀이

홀수인 두 자연수를 각각 $2n-1$, $2m-1$이라고 하면 곱은 $(2n-1)(2m-1)=2(2nm-n-m)+1$로 홀수이다.

21.11 자연수 m에 대하여 자연수 n이 짝수일 때, $n \cdot m$이 짝수임을 보여라.

풀이

짝수인 자연수 $n=2k$라고 하자. 그러면 곱 $nm=2km$은 짝수이다.

21.12 1부터 k개의 홀수의 합이 k^2임을 보여라.

풀이

$1+3+5+\cdots+(2k-1)^2=k^2$임을 보이는 문제이다.

$k=1$일 때 좌변은 1, 우변도 1로 같다.

$k=n$일 때 식 $1+3+5+\cdots+(2n-1)^2=n^2$이 성립한다고 가정하자.

$k=n+1$일 때 위의 가정을 이용하면 좌변은

$$1+3+5+\cdots+(2n-1)+(2n+1)=n^2+(2n+1)=(n+1)^2$$

이 되어 $k=n+1$일 때도 식이 성립함을 알 수 있다.

21.13 n개의 빨간색 편지와 n개의 파란색 편지가 n개의 편지함에 들어 있을 때, 어떤 편지함에는 적어도 2개의 빨간색 편지가 들어 있거나 혹은 어떤 편지함에는 적어도 2개의 파란색 편지가 들어 있거나 그렇지 않으면 어떤 편지함에는 적어도 1개의 빨간색 편지와 1개의 파란색의 편지가 들어 있다. 이를 증명하여라.

풀이

편지함마다 빨간색 편지를 1개씩 넣었다고 하자. 그러면 모든 편지함에는 파란색 편지를 1개씩 더 넣을 수 있으므로 각 편지함마다 1개의 빨간색 편지와 1개의 파란색 편지가 들어 있게 된다.
두 번째 경우로 빨간색 편지 $n-1$개를 편지함마다 1개씩 넣었다고 하자. 이제 이미 빨간색 편지를 넣은 편지함에 n번째 편지를 넣으면 2개의 빨간색 편지가 들어 있는 편지함이 있게 된다. 이때 n번째 편지함은 비어 있으므로 파란색 편지가 2개 들어가게 된다.

21.14 m과 n이 3의 거듭제곱이면 $m+n$은 결코 3의 거듭제곱이 될 수 없음을 증명하여라.

풀이

$m=3^M$, $n=3^N$이라고 하면 $m+n=3^M+3^N$이다.
만약 $M \le N$이라면 $m+n=3^M+3^N=3^M(1+3^{N-M})$이다.
그런데 $1+3^{N-M}$, 즉 3의 거듭제곱에 1을 더한 수는 3의 거듭제곱이 아니므로 $m+n$은 3의 거듭제곱이 아니다.

21.15 자연수 n이 완전제곱수이면 $n+1$은 결코 완전제곱수가 아님을 증명하여라.

풀이

자연수 N에 대하여 $n=N^k$라고 하면 $n+1=N^k+1$. 그런데 제곱수에 1 더한 수는 제곱수가 아니므로 $n+1$은 완전제곱수가 아니다.

21.16 두 정수의 곱이 짝수이면 그 중 하나는 짝수임을 증명하여라.

풀이

대우로 증명한다. 두 수가 모두 홀수라고 가정하자. 두 수를 각각 $2n-1$, $2m-1$이라고 하면 곱은 $(2n-1)(2m-1)=2(2nm-n-m)+1$로 짝수가 아니다.

21.17 두 정수의 곱이 홀수이면 두 정수 모두 홀수임을 증명하여라.

풀이

대우로 증명한다. 두 수 중 적어도 한 수가 짝수라고 하자. 짝수인 수를 $2k$라고 하면 또 다른 수 m에 대하여 곱은 $2km$으로 홀수가 아니다.

21.18 모든 정수는 기껏해야 두 개의 홀수 정수의 합으로 쓸 수 있음을 증명하여라. '홀수'를 '짝수'로 바꾸어도 그 결과는 참인가?

풀이

홀수는 한 개의 홀수의 합으로 볼 수 있다. 짝수는 1과 자기 자신에서 1을 뺀 수의 합으로 나타낼 수 있다.

그러나 3은 두 개의 짝수의 합으로 나타낼 수 없다. 따라서 '홀수'를 '짝수'로 바꾸면 그 결과는 참이 아니다.

21.19 과제 k개의 원소를 가진 집합의 부분집합의 개수는 2^k개임을 귀납법으로 증명하여라. 적어도 3개의 원소를 가진 부분집합은 몇 개 존재하는가? k개의 원소를 가진 집합에서 l개의 원소를 가진 집합으로 가는 함수는 몇 개 존재하는가? $l=2$인 경우에 이 결과가 위 단락의 결과와 어떤 관계가 있는가? 정수 $\mathbb{Z}$에서 정수 $\mathbb{Z}$로 가는 함수는 물론 무한히 많이 존재한다. 이 함수의 개수는 셀 수 있는 수인가? 혹은 셀 수 없는 수인가?

풀이

원소가 k개인 집합의 부분집합의 개수는 2^k개임을 귀납법으로 증명하여 보자.

원소가 1개인 집합의 부분집합은 공집합과 자기 자신으로 2개이므로 $k=1$일 때는 옳다.

원소의 개수가 k개인 집합의 부분집합의 개수를 2^k라고 가정하자.

원소의 개수가 $k+1$개인 집합은 원소가 k개인 집합에 원소 1개를 더 넣었

다고 볼 수 있으므로 부분집합은

원소가 k개인 집합의 부분집합
원소가 k개인 집합의 부분집합에 $k+1$번째 원소를 더 넣은 집합

의 두 종류로 볼 수 있다. 따라서 원소의 개수가 $k+1$개인 집합의 부분집합의 개수는 2^k+2^k, 즉 $2^k(1+1)=2^{k+1}$이다.
원소가 k개인 집합의 부분집합 중 적어도 3개인 부분집합은 k개의 원소 중에서 3개 이상을 골라 만들어지므로 그 개수는 ${}_nC_3+{}_nC_4+\cdots+{}_nC_n$이다.
k의 원소를 가진 집합에서 l개의 원소를 가진 집합으로 가는 함수를 만든다는 것은 l개의 원소에서 k개를 중복을 허용하여 고르는 것과 같으므로 그 개수는 ${}_l\Pi_k=l^k$이다.
$l=2$인 경우는 부분집합의 경우와 같은 의미이다. 공역을 부분집합의 원소로 뽑는다, 안 뽑는다의 두 가지 경우로 생각하면 된다.
칸토어는 자연수에서 자연수로 가는 함수의 개수는 셀 수 없음을 증명하였다.

21.20 **과제** 실수 $\mathbb{R}$에서 $\{x_j\}$가 코시수열일 때, 극점 x_0가 존재하여 $j\to\infty$이면 $x_j\to x_0$을 만족함을 증명하여라.

풀이

다음과 같은 N을 택하자.

$$n,\ m>N\text{이면 } |x_n-n_m|<1$$

$\{x_n,\ n\in\mathbb{N}\}\subset(x_{N+1}-1,\ x_{N+1}+1)\cup\{x_1,\ x_2,\ \cdots,\ x_N\}$이므로 $\{x_j\}$는 유계이다.
이제 $u_k=sup\{\ x_n,\ n\ge N\}$, $l_k=inf\{x_n,\ n\ge N\}$이라고 하자.
$u_k\ge l_k$이므로 두 수열은 모두 유계이다.
단조수렴정리에 의하여 $L_+=\lim\limits_{k\to\infty}u_k$, $L_-=\lim\limits_{k\to\infty}l_k$라고 하면
모든 $\epsilon>0$에 대하여 $m>N$인 $|x_{N+1}-x_m|<\dfrac{\epsilon}{2}$이 성립하는 자연수 N

이 있다.

$k > N$인 자연수 N에 대하여 $|x_{N+1} - u_k| < \frac{\epsilon}{2}$, $|x_{N+1} - l_k| < \frac{\epsilon}{2}$가 성립하므로 $u_k - l_k < \epsilon$

따라서 $u_k - l_k \to 0$이 되므로 모든 $\epsilon > 0$에 대하여 $L_+ - L_- \le \epsilon$, 즉 $L_+ = L_- = x_0$이라고 하자.

$u_k \ge x_k \ge l_k$이고 $u_k \to x_0$, $l_k \to x_0$이므로 $x_k \to x_0$이다.

21.21 과제 n이 2보다 큰 양의 정수일 때, n과 $2n$ 사이에 소수가 존재한다는 것은 유명한 정리이다. 이 주장에 대한 증거를 수집하여라. 이것을 교실에서 토론하여라. 이것이 어떻게 소수정리(13장 문제 6)와 일치하는가?

풀이

헝가리 수학자 에르되시가 18세에 증명하였다. 그는 n과 $2n$ 사이에 항상 $4k+1$, $4k+3$꼴의 소수가 있음을 증명하였다.

$n = 3 : 5 : 6 = 2n$	1개 : $6/\ln 6 - 3/\ln 3 \fallingdotseq 0.62$
$n = 4 : 5,\ 7 : 8 = 2n$	2개 : $8/\ln 8 - 4/\ln 4 \fallingdotseq 0.96$
$n = 5 : 7 : 10 = 2n$	1개 : $10/\ln 10 - 5/\ln 5 \fallingdotseq 1.24$
$n = 6 : 7,\ 11 : 12 = 2n$	2개 : $12/\ln 12 - 6/\ln 6 \fallingdotseq 1.48$
$n = 7 : 11,\ 13 : 14 = 2n$	2개 : $14/\ln 14 - 7/\ln 7 \fallingdotseq 1.71$
$n = 8 : 11,\ 13 : 16 = 2n$	2개 : $16/\ln 16 - 8/\ln 8 \fallingdotseq 1.92$
$n = 9 : 11,\ 17 : 18 = 2n$	2개 : $18/\ln 18 - 9/\ln 9 \fallingdotseq 2.13$
$n = 10 : 11,\ 13,\ 17,\ 19 : 20 = 2n$	4개 : $20/\ln 20 - 10/\ln 10 \fallingdotseq 2.33$
$\cdots$	

모든 양의 정수는 적절한 양수 n에 대해서 아래와 같은 형태 중 하나로 표현된다.

$$4n,\ 4n+1,\ 4n+2,\ 4n+3$$

분명히, 정수 $4n$과 $4n+2 = 2(2n+1)$은 모두 짝수이다. 그러므로 모든 홀수는 두 개의 수열 안에 들어간다. 하나는 $4n+1$형태이고, 또 하나는 $4n+3$의 형태이다. 따라서 n과 $2n$ 사이에 항상 $4k+1$, $4k+3$꼴의 소수가 있음을 알 수 있다. 그리고 위의 자료에서 n과 $2n$ 사이에 소수의 개수는 소수 정리에 의해 대략 $\frac{2n}{\ln(2n)}-\frac{n}{\ln n}$개이다.

참고 다음은 $4n+3$형태의 소수와 $4n+1$형태의 소수를 나열한 것이다.

$4n+3$: 3, 7, 11, 19, 23, 31, 43, 47, 59, 67, 71, 79, 83, ⋯

$4n+1$: 5, 13, 17, 29, 37, 41, 53, 61, 73, 89, ⋯

$4n+3$형태의 소수가 $4n+1$형태의 소수보다 더 많다고 추측할 수 있다. 좀 더 정확한 정보를 얻기 위해, x를 초과하지 않는 $p=an+b$형태의 소수를 세는 함수 $\pi_{a,\,b}(x)$를 이용하자. 예를 들어, 위의 자료에 의하면, $\pi_{4,\,1}(89)=10$이고 $\pi_{4,\,3}(89)=13$이다. 1853년에 쓴 유명한 편지에서, 체비세프는 작은 x에 대해서 $\pi_{4,\,1}(x)\le\pi_{4,\,3}(x)$임을 언급하였다. 그는 또한 이 부등식이 참임을 증명했음을 덧붙였다. 1914년에 리틀우드는 이 부등식이 참이 아닌 경우가 무한히 자주 발생한다고 보였지만 반례가 되는 x값을 밝히지는 않았다. 실제로 이 값은 찾기 어렵다는 것이 밝혀졌다. 1957년까지 컴퓨터로 인해 찾은 $x=26861$이 위 부등식의 반례가 되는 가장 작은 소수였다. 이 경우 $\pi_{4,\,1}(x)=1473$, $\pi_{4,\,3}(x)=1472$이었다. 그 다음 소수는 꽤나 멀리 떨어진 $x=616{,}841$이다. 한편, $18{,}540{,}000{,}000$과 $18{,}950{,}000{,}000$ 사이의 $410{,}000{,}000$개의 수에 대해서는 $\pi_{4,\,1}(x)>\pi_{4,\,3}(x)$임이 알려져 있다.

제22장 앨런 튜링과 암호학

22.1 이동변환 $P \mapsto P-3$을 이용하여 다음 전문을 암호화하여라.

BYE BYE, BIRDIE.

풀이

"BYEBYEBIRDIE"라는 단어를 수로 바꾸면 "1 24 4 1 24 4 1 8 17 3 8 4"이다. 이제 각각의 수에 $-3 \bmod 26 = 23 \bmod 26$을 더하자. 그 결과는 "24 21 1 21 1 24 5 14 0 5 1"이다.

따라서 암호문은 "YVB VBF OAFB"이다.

22.2 이동 복호 $P \mapsto P-12$을 이용하여 암호문 EAXAZSNMNK를 해독하여라.

풀이

"EAXAZSNMNK"라는 단어를 수로 바꾸면 "4 0 23 0 25 18 13 12 13 10"이다. 이제 각각의 수에 $-12 \bmod 26 = 14 \bmod 26$을 더하자. 그 결과는 "18 14 11 14 13 6 1 0 1 24"이다.

따라서 전문은 "SOLONGBABY" 혹은 "SO LONG BABY"이다.

22.3 암호문 ZRRGZRURER에 빈도수 분석을 적용하여 이동 암호화 방법을 알아내어라. 그리고 전문을 복호하여라.

풀이

영어에서 가장 빈번히 사용되는 알파벳은 'E'로 알려져 있다. 암호문에서 가장 빈번히 나타난 알파벳은 다섯 번 사용된 'R'이다. 만약 'R'이 'E'가 암호화된 것으로 가정하면, 암호화 과정에서 '4'는 '17'로 변환되었음을 알 수 있다. 즉, 암호화 키는 $P \mapsto P+13 \bmod 26$이고 복호화 방식은 $P \mapsto P-13 \bmod 26$이다.

암호문 "ZRRGZRURER"을 수로 바꾸면 "25 17 17 6 25 17 20 17 4 17"이다. 이제 각각의 수에 $-13 \bmod 26 = 13 \bmod 26$을 더하자. 그 결과는 "12 4 4 19 12 4 7 4 17 4"이다.

따라서 전문은 “MEETMEHERE” 또는 “MEET ME HERE”이다.

22.4 아핀변환 $P \mapsto 3P+11$을 이용하여 다음 전문을 암호화하여라.

HELLO MY HONEY.

풀이

“HELLOMYHONEY”라는 단어를 수로 바꾸면 “7 4 11 11 14 12 24 7 14 13 4 24”이다. 이제 각각의 수에 $3 \bmod 26$을 곱하면, 그 결과는 “21 12 7 7 16 10 20 21 16 13 12 20”이다. 이 수에 $11 \bmod 26$을 더하자. 그 결과는 “6 23 18 18 1 21 5 6 1 24 23 5”이다.
따라서 암호문은 “GXSSB VF GBYXG”이다.

22.5 아핀 복호 방법 $P \mapsto [P-3]/7$을 이용하여 암호문 RDQYPHZYDQYP를 복호하여라.

풀이

“RDQYPHZYDQYP”라는 단어를 수로 바꾸면 “17 3 16 24 15 7 25 24 3 16 24 15”이다. 이제 각각의 수에 $-3 \bmod 26$을 더하면, 그 결과는 “14 0 13 21 12 4 22 21 0 13 21 12”이다. 이 수에서 $7 \cdot k$를 빼고 그 값이 26으로 나누어지도록 k를 결정하자.

$14-7(2)=0$	…… 2 (C)
$0-7(0)=0$	…… 0 (A)
$13-7(-143)=1014 \cdots -143$	…… 13 (N)
$21-7(3)=0$	…… 3 (D)
$12-7(-2)=26 \cdots -2$	…… 24 (Y)
$4-7(8)=-52$	…… 8 (I)
$22-7(-8)=78 \cdots -8$	…… 21 (V)
$21-7(3)=0$	…… 3 (D)

$0-7(0) = 0$ …… 0 (A)

$13-7(-143) = 1014 \cdots -143$ …… 13 (N)

$21-7(3) = 0$ …… 3 (D)

$12-7(-2) = 26 \cdots -2$ …… 24 (Y)

따라서 “RDQYPHZYDQYP”는 “CANDYIVDANDY”로 복호된다.

22.6 암호문 VQNXZAVQDURLX에 빈도수 분석을 적용하여 아핀 복호 방식을 알아내어라. 그리고 전문을 해독하여라. 이 문제를 논의하여라.

풀이

영어에서 가장 일반적으로 많이 쓰이는 알파벳은 ‘E’이고 둘째가 ‘T’라고 알려져 있다. 암호문에서 ‘V, Q, X’는 각각 두 번 발생했으므로 다음과 같이 6가지 빈도수 분석이 가능하다.

(1) E → V, T → Q : $f(4)=21 \bmod 26$과 $f(19)=16 \bmod 26$

(2) E → Q, T → V : $f(4)=16 \bmod 26$과 $f(19)=21 \bmod 26$

(3) E → V, T → X : $f(4)=21 \bmod 26$과 $f(19)=23 \bmod 26$

(4) E → X, T → V : $f(4)=23 \bmod 26$과 $f(19)=21 \bmod 26$

(5) E → Q, T → X : $f(4)=16 \bmod 26$과 $f(19)=23 \bmod 26$

(6) E → X, T → Q : $f(4)=23 \bmod 26$과 $f(19)=16 \bmod 26$

아핀 변환을 $f(P)=aP+b$라 하고, (1)의 경우만을 해보자. (1)은 $4a+b=21 \bmod 26$과 $19a+b=16 \bmod 26$으로부터 $a\cdot(-15)=5 \bmod 26$. 즉 $a=-9=17 \bmod 26$이고 이 값을 첫째 방정식에 대입하면 $b=57=5 \bmod 26$을 얻는다. 따라서 아핀 암호화 변환은 $f(P)=-9P+5$이다. 따라서 아핀 복호화 변환은 $f^{-1}(Q)=[Q-5]/(-9)$임을 알 수 있다. 그 다음 과정은 문제 5번에서 했던 과정과 같다.

V : $21-5 = 16+9(4) = 52$ …… 4 : E

Q : $16-5 = 11+9(-7) = -52 \cdots -7$ …… 19 : T

N : $13-5 = 8+9(2) = 26$ …… 2 : C

X : $23-5 = 18+9(-2) = 0$ … -2 …… 24 : Y

Z : $25-5 = 20+9(18) = 182$ …… 18 : S

A : $0-5 = -5+9(-11) = -104$ … -11 …… 15 : P

V : $21-5 = 16+9(4) = 52$ …… 4 : E

Q : $16-5 = 11+9(-7) = -52$ … -7 …… 19 : T

D : $3-5 = -2+9(6) = 52$ …… 6 : G

U : $20-5 = 15+9(7) = 78$ …… 7 : H

R : $17-5 = 12+9(16) = 156$ …… 16 : Q

L : $11-5 = 6+9(8) = 78$ …… 8 : I

X : $23-5 = 18+9(-2) = 0$ … -2 …… 24 : Y

따라서 암호문 'VQNXZAVQDURLX'은 'ETCYSPETGHQIY'으로 해독된다. (2)~(6)도 (1)과 같은 방법으로 구할 수 있다.

22.7 다음 전문을 두 문자씩 쪼개어라.

THIS WAS NOT THE END

이제 각각의 두 문자를 수로 옮기고 규칙 $P \mapsto 13P+29$에 따라 두 문자씩 암호화하여라. 이제 로마 문자로 표현된 암호화된 새로운 단어를 다시 번역하여라.

풀이

26개의 로마자 알파벳을 가지고 작업하자. 즉 $\mathrm{mod}\, 676 = 26^2$으로 연산을 한다. 주어진 전문을 두 문자씩 암호화하면 다음으로 주어진다.

TH : $(19)(26)+(7)=501$

$(13)+29=6542=676(9)+458=458=(17)(26)+16$: RQ

IS : $(8)(26)+(18)=226$

$(13)+29=2967=676(4)+263=263=(10)(26)+3$: KD

WA : $(22)(26)+(0)=572$

$(13)+29=7465=676(11)+29=29=(1)(26)+3$: BD

SN : $(18)(26)+(13)=481$

$(13)+29=6282=676(9)+198=198=(7)(26)+16$: HQ

OT : $(14)(26)+(19)=383$

$(13)+29=5008=676(7)+276=276=(10)(26)+16$: KQ

TH : $(19)(26)+(7)=501$

$(13)+29=6542=676(9)+458=458=(17)(26)+16$: RQ

EE : $(4)(26)+(4)=108$

$(13)+29=1433=676(2)+81=81=(3)(26)+3$: DD

ND : $(13)(26)+(3)=341$

$(13)+29=4462=676(6)+406 \ =406=(15)(26)+16$: PQ

22.8 두 문자 방법과 아핀 변환 $P \mapsto 11P-5$을 이용하여 다음 전문을 암호화하여라.

NO GOOD WILL COME OF IT.

답은 로마자의 문자열이어야 한다.

풀이

26개의 로마자 알파벳을 가지고 작업하자. 즉 $\mathrm{mod}\,676=26^2$으로 연산을 한다. 주어진 전문을 두 문자씩 암호화하면 다음으로 주어진다.

NO : $(13)(26)+(14)=352$

$(11)-5=3867=676(5)+487=487=(18)(26)+19$: ST

GO : $(6)(26)+(14)=170$

$(11)-5=1865=676(2)+513=513=(19)(26)+19$: TT

OD : $(14)(26)+(3)=367$

$(11)-5=4032=676(5)+652=652=(25)(26)+2$: ZC

WI : $(22)(26)+(8)=580$

$(11)-5=6375=676(9)+291=291=(11)(26)+5$: LF

LL : (11)(26)+(11)=297

(11)−5=3262=676(4)+558=558=(21)(26)+12 : VM

CO : (2)(26)+(14)=66

(11)−5=721=676(1)+45=45=(1)(26)+19 : BT

ME : (12)(26)+(4)=316

(11)−5=3471=676(5)+91=91=(3)(26)+13 : DN

OF : (14)(26)+(5)=369

(11)−5=4054=676(6)+0=0=(0)(26)+0 : AA

IT : (8)(26)+(19)=227

(11)−5=2492=676(3)+464=464=(17)(26)+22 : RW

22.9 암호문 PZCAILRNSXVC는 아핀 변환 $P \mapsto 9P+3$을 사용한 두 문자 방법으로 만들어진 특정한 전문으로부터 얻은 것이다. 본래의 전문을 찾아라.

풀이

26개의 로마자 알파벳을 가지고 작업하자. 즉 $\bmod 676 = 26^2$으로 연산을 한다. 여기서 아핀 복호화 변환은 $f^{-1}(Q) = [Q-3]/9$이다. 암호문을 두 문자씩 복호화하면 다음으로 주어진다.

PZ : (15)(26)+(25)=415−3=412−9(−75×412)

→ −30900=676(−46)+196=196=(7)(26)+(14) → HO

CA : (2)(26)+(0)=52−3=49−9(−75×49)

→ −3675=676(−6)+381=381=(14)(26)+(17) → OR

IL : (8)(26)+(11)=219−3=216−9(−75×216)

→ −16200=676(−24)+24=24=(0)(26)+(24) → AY

RN : (17)(26)+(13)=455−3=452−9(−75×452)

→ −33900=676(−51)+576=576=(22)(26)+(4) → WE

SX : (18)(26)+(23)=491−3=488−9(−75×488)

→ −36600=676(−55)+580=580=(22)(26)+(8) → WI

VC : (21)(26) + (2) = 548 − 3 = 545 − 9(−75×545)

→ −40875 = 676(−61) + 361 = 361 = (13)(26) + (23) → NX

따라서 본래의 전문은 HOORAYWEWINX이다.

22.10 어떤 전문을 두 문자씩 쪼개어 본문에서 설명한 표준 형식의 수열로 변환시켰다. 그 다음에 아핀 변환을 이용하여 암호문 GGANFTNXCQNDSKQC가 만들어졌다. 아핀 변환을 구하기 위해서 빈도수 분석을 이용하여라. 그리고 표준 영어 문장으로 본문을 해독하여라.

풀이

편의상, 0에서 25까지 부여된 26개의 로마자 알파벳과 빈 공간을 포함한 27개의 문자를 사용하자.

A	B	C	D	E	F	G	H	I	J	K	L	M	N
0	1	2	3	4	5	6	7	8	9	10	11	12	13
O	P	Q	R	S	T	U	V	W	X	Y	Z	빈공간	
14	15	16	17	18	19	20	21	22	23	24	25	26	

문제에 주어진 암호문 'GGANFTNXCQNDSKQC'이 아핀 변환

$$f(P) = aP + b \bmod (27^2 = 729),\ (a,\ 27) = 1$$

에 의해 만들어졌다고 가정하자. 암호문을 해독할 아핀 변환은 $f^{-1}(Q) = a'Q + b'$와 같은 형식이다. 빈도수 분석을 이용하여 a', b'을 구해보자. 먼저 암호문을 두 문자씩 쪼개면 GG, AN, FT, NX, CQ, ND, SK, QC는 각각 한 번씩 나타난다. 따라서 이것들 중의 하나를 'TH'의 암호문, 하나는 'HE'의 암호문, 또 하나는 'EA'의 암호문이라고 가정할 수 있다.
예를 들어, "TH는 CQ로 암호화", "HE는 QC로 암호화"되었다고 가정하면, 다음과 같이 수 사이의 대응을 얻을 수 있다.

$$19 \times 27 + 7 = 520 \leftrightarrow 70 = 2 \times 27 + 16$$

$$7\times27+4=193 \leftrightarrow 434=16\times27+2$$

따라서 연립방정식

$$\begin{cases}520=70a'+b' \mod 729\\193=434a'+b' \mod 729\end{cases}$$

를 얻는다. b'을 제거하기 위해 두 방정식을 빼면, $327=-364a'=365a' \mod 729$이고 $(365,\ 729)=1$이므로 이 방정식의 해는 $a'=654=-75$로 유일하다. 이것을 첫째 방정식에 대입하면 $b'=667=-62$이다. 즉, 암호문을 해독할 아핀 변환은

$$f^{-1}(Q)=654Q+667=-75Q-62$$

이다. 이 변환을 암호문 "GGANFTNXCQNDSKQC"에 적용하면, 다음과 같이 전문을 얻는다.

암호문	$(x')(y')$	$Q=x'\times27+y'$	$f^{-1}(Q)=654Q+667$ (mod729)	$P=x\times27+y$ $(x)(y)$	전문
GG	(6)(6)	$6\times27+6=168$	460	(17)(1)	RB
AN	(0)(13)	$0\times27+13=13$	421	(15)(16)	PQ
FT	(5)(19)	$5\times27+6=141$	298	(11)(1)	LB
NX	(13)(23)	$13\times27+23=374$	319	(11)(22)	LW
CQ	(2)(16)	$2\times27+16=70$	520	(19)(7)	TH
ND	(13)(3)	$13\times27+3=354$	361	(13)(10)	NK
SK	(18)(10)	$18\times27+10=496$	646	(23)(25)	XZ
QC	(16)(2)	$16\times27+2=434$	193	(7)(4)	HE

22.11 전문 NOW IS THE TIME FOR FUN을 생각하자. 이것을 한 글자씩 수로 변환하여라. 이제 암호화 알고리즘

$$P\mapsto 5P^2+P \mod 26$$

을 적용하여라. 암호문의 결과는 무엇인가?

풀이

전문 NOW IS THE TIME FOR FUN

→ 숫자 수열 13 14 22 8 18 19 7 4 19 8 12 4 5 14 17 5 20 13

→ 아핀변환 0 6 24 16 0 4 18 6 4 16 4 6 0 6 6 0 6 0

→ 암호문 A G Y Q A E S G E Q E G A G G A G A

암호문의 결과는 AGY QA ESG EQEG AGG AGA이다.

22.12 **과제** 암호문 AUACCEE는 암호화 방식

$$P \mapsto 3P^2 - P + 2$$

를 어떤 7개 문자에 적용해서 나온 것이다. 이 암호화 방식이 갖는 문제는 일대일이 아니라는 것이다. 같은 방법으로 이것은 한 문자 이상을 암호화한다. 예를 들면, G와 T 모두 다 A로 암호화된다. 이러한 문제에도 불구하고, 본래의 전문이 무엇인지 알아내어라.

풀이

편의상, 0에서 25까지 부여된 26개의 로마자 알파벳을 사용하자. 암호화 방식을 표로 만들면 다음과 같다.

P	A	B	C	D	E	F	G	H	I	J	K	L	M
	0	1	2	3	4	5	6	7	8	9	10	11	12
$3P^2 - P + 2$	2	4	12	0	20	20	0	12	4	2	6	16	6
(mod 26)	C	E	M	A	U	U	A	M	E	C	G	Q	G
P	N	O	P	Q	R	S	T	U	V	W	X	Y	Z
	13	14	15	16	17	18	19	20	21	22	23	24	25
$3P^2 - P + 2$	2	4	12	0	20	20	0	12	4	2	6	16	6
(mod 26)	C	E	M	A	U	U	A	M	E	C	G	Q	G

위 표에서

$$(D,\ G,\ Q,\ T) \rightarrow (A)$$
$$(E,\ F,\ R,\ S) \rightarrow (U)$$
$$(A,\ J,\ N,\ W) \rightarrow (C)$$
$$(B,\ I,\ O,\ V) \rightarrow (E)$$

와 같은 변환을 얻는다. 따라서 암호문 'AUACCEE'는 다음과 같이 여러 가지 전문들이 암호된 것으로 볼 수 있다.

DEGAJBI, DFDNWIO, TSQWNBV, …

참고로, 주어진 암호문을 가질 수 있는 $4^7 = 16384$가지의 전문을 만들 수 있다.

22.13 **과제** 일대일이 아닌 두 문자 암호화 방식을 만들어라. 이것을 다음 전문을 암호화하는 데 사용하여라.

One for the money.

암호문의 결과는 무엇인가? 같은 암호문으로 암호화되는 또 다른 간단한 영어 전문에는 무엇이 있는가? 만약 전문을 해독해야 한다면, 이 두 개의 본래의 전문을 어떻게 구분할 수 있는가?

풀이

편의상, 0에서 25까지 부여된 26개의 로마자 알파벳을 사용하자.

A	B	C	D	E	F	G	H	I	J	K	L	M
0	1	2	3	4	5	6	7	8	9	10	11	12
N	O	P	Q	R	S	T	U	V	W	X	Y	Z
13	14	15	16	17	18	19	20	21	22	23	24	25

그리고 일대일이 아닌 암호화 방식 $P \mapsto P^2 + 1$을 사용하자. 이것을 표로 만들면 다음과 같다.

P	A	B	C	D	E	F	G	H	I	J	K	L	M
	0	1	2	3	4	5	6	7	8	9	10	11	12
P^2+1	1	2	5	10	17	0	11	24	13	4	23	18	15
(mod26)	B	C	F	K	R	A	L	Y	N	E	X	S	P
P	N	O	P	Q	R	S	T	U	V	W	X	Y	Z
	13	14	15	16	17	18	19	20	21	22	23	24	25
P^2+1	14	15	18	23	14	13	24	11	0	17	10	5	2
(mod26)	O	P	S	X	O	N	Y	L	A	R	K	F	C

위의 표를 이용하여 전문과 암호문과의 관계를 표로 만들면 다음과 같다.

전문	$(x)(y)$	$P=x\times 26+y$	$f(P)=P^2+1$ (mod 676)	$f(P)=x'\times 26+y'$ $(x')(y')$	암호문
ON	(14)(13)	$14\times 26+13=377$	170	(6)(14)	GO
EF	(4)(5)	$4\times 26+5=109$	390	(15)(0)	PA
OR	(14)(17)	$14\times 26+17=381$	498	(19)(4)	TE
TH	(19)(7)	$19\times 26+7=501$	206	(7)(24)	HY
EM	(4)(12)	$4\times 26+12=116$	613	(23)(15)	XP
ON	(14)(13)	$14\times 26+13=377$	170	(6)(14)	GO
EY	(4)(24)	$4\times 26+24=128$	161	(6)(5)	GF

남호영
서울대학교 사범대학 수학교육과, 인하대학교 수학과에서 박사 학위를 받고,
현재 서울 삼성고등학교에서 수학을 가르치고 있다. 학생들에게 수학의
힘과 매력을 느끼게 하기 위해 10년 넘게 전국수학교사모임에서 활동하고 있다.
지은 책으로 《우리가 사용하는 수》, 《다면체와 구》, 《7차 수학교고과서》(공저),
《수학은 열세살이다》(공저), 《파이-4천년 역사의 흔적》(공저),
《영재교육을 위한 창의력 수 I, II》(공저), 《적중 수리논술》(공저) 등이 있다.

장영호
인하대학교 수학과와 일본 토오쿠 대학교에서 박사 학위를 받고,
현재 인하대학교 수학통계학부에서 학생을 가르치고 있다.
지은 책으로 《영재교육을 위한 창의력 수 I, II》(공저), 《적중 수리논술》(공저) 등이 있다.

문제해결로 살펴본

수학사 해설

지은이 남호영·장영호
펴낸이 조경희
펴낸곳 경문사
펴낸날 2013년 1월 5일 1판 1쇄
2016년 8월 1일 1판 2쇄
등 록 1979년 11월 9일 제313-1979-23호
주 소 04057, 서울특별시 마포구 와우산로 174
전 화 (02)332-2004 팩스 (02)336-5193
이메일 kyungmoon@kyungmoon.com
facebook facebook.com/kyungmoonsa

값 14,000원

ISBN 978-89-6105-615-1